いちばん強《つよ》いヤツはた

危《き》険《けん》生《せい》物 VS 恐《きょう》竜《りゅう》・古《こ》生《せい》物《ぶつ》 超《ちょう》バトル図《ず》鑑《かん》

永岡書店

はじめに

地球《ちきゅう》の歴史上《れきしじょう》、最強《さいきょう》の動物《どうぶつ》は？

強《つよ》い動物《どうぶつ》に興味《きょうみ》がわくのはナゼでしょう？
人間《にんげん》の先祖《せんぞ》はサルの仲間《なかま》だったので、大《おお》きな強《つよ》い肉食動物《にくしょくどうぶつ》にいつもおそわれる立場《たちば》で、そんな強《つよ》い動物《どうぶつ》を恐《おそ》れて、逃《に》げたりかくれたりしていたのです。そんな太古《たいこ》の日々《ひび》の記憶《きおく》が、先祖《せんぞ》から今《いま》の私《わたし》たちにも引《ひ》きつがれ、つい強《つよ》い動物《どうぶつ》が気《き》になってしまうのかもしれません……。　この本《ほん》には、そんな気《き》になる強《つよ》い動物《どうぶつ》がたくさん登場《とうじょう》します。でも安心《あんしん》してください。危険生物《きけんせいぶつ》や猛獣《もうじゅう》・恐竜《きょうりゅう》はこの本《ほん》からとびだしてくることはありません！

どうせなら、地球《ちきゅう》の歴史上《れきしじょう》で、実際《じっさい》には絶対出会《ぜったいであ》うことのない最強伝説《さいきょうでんせつ》の勇者同士《ゆうしゃどうし》の戦《たたか》いを見《み》てみたい！　本《ほん》書《しょ》では、このレジェンドたちのドリームマッチを実現《じつげん》してみました。すでに絶滅《ぜつめつ》して地球上《ちきゅうじょう》から姿《すがた》を消《け》した恐竜《きょうりゅう》やみ力《りょく》ある古生物《こせいぶつ》たちと、現代《げんだい》の危険生物《きけんせいぶつ》として恐《おそ》れられる猛獣《もうじゅう》たちの対戦《たいせん》をシミュレーションして、最強生物《さいきょうせいぶつ》を決《き》めるトーナメントのストーリーを空想《くうそう》してみました。

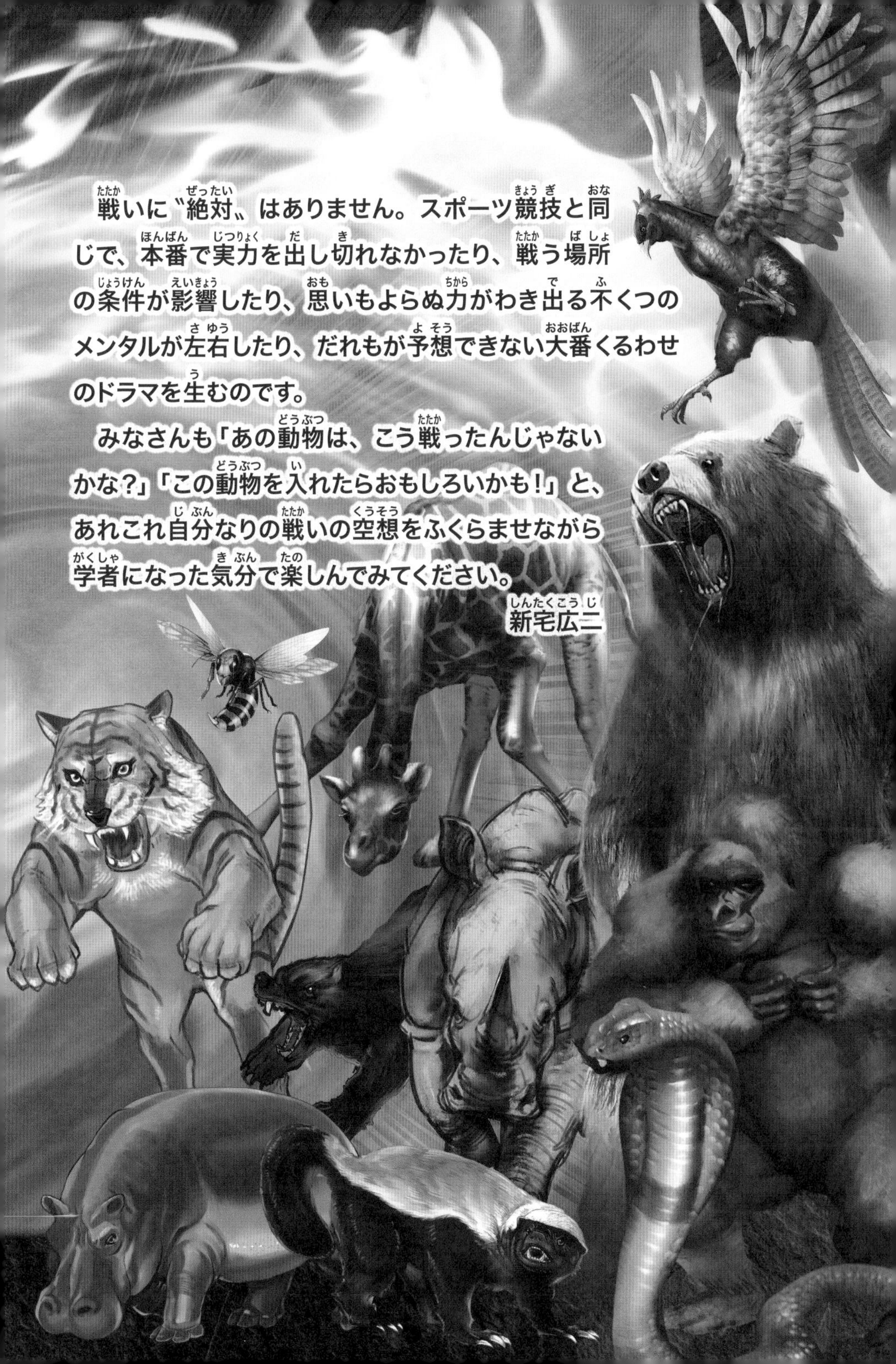

戦《たたか》いに〝絶対《ぜったい》〟はありません。スポーツ競技《きょうぎ》と同《おな》じで、本番《ほんばん》で実力《じつりょく》を出《だ》し切《き》れなかったり、戦《たたか》う場所《ばしょ》の条件《じょうけん》が影響《えいきょう》したり、思《おも》いもよらぬ力《ちから》がわき出《で》る不《ふ》くつのメンタルが左右《さゆう》したり、だれもが予想《よそう》できない大番《おおばん》くるわせのドラマを生《う》むのです。

みなさんも「あの動物《どうぶつ》は、こう戦《たたか》ったんじゃないかな？」「この動物《どうぶつ》を入《い》れたらおもしろいかも！」と、あれこれ自分《じぶん》なりの戦《たたか》いの空想《くうそう》をふくらませながら学者《がくしゃ》になった気分《きぶん》で楽《たの》しんでみてください。

新宅広二《しんたくこうじ》

危険生物《きけんせいぶつ》VS恐竜《きょうりゅう》・古生物《こせいぶつ》 超《ちょう》バトル図鑑《ずかん》

いちばん強《つよ》いヤツはだれだ!?

対戦表《たいせんひょう》

決勝《けっしょう》 Battle 39 P148

- 恐 カリコテリウム
- 危 ゴリラ
  - Battle 1 P8
- 恐 ステゴサウルス
- 危 ヒグマ
  - Battle 2 P11
  - Battle 17 P62
- 恐竜界《きょうりゅうかい》の暴君《ぼうくん》 恐 ティラノサウルス
  - Battle 25 P90
- 恐 デイノテリウム
- 危 キングコブラ
  - Battle 3 P14
- 恐 アンキロサウルス
- 危 キリン
  - Battle 4 P17
  - Battle 18 P65
- 水陸両用《すいりくりょうよう》の肉食恐竜《にくしょくきょうりゅう》 恐 スピノサウルス
  - Battle 26 P94
- 準々決勝《じゅんじゅんけっしょう》 Battle 33 P126
- 準決勝《じゅんけっしょう》 Battle 37 P140
- 恐 インドリコテリウム
- 危 ライオン
  - Battle 5 P20
- 恐 テリジノサウルス
- 危 サイ
  - Battle 6 P23
  - Battle 19 P68
- 巨大草食恐竜《きょだいそうしょくきょうりゅう》 恐 ブラキオサウルス
  - Battle 27 P98
- 恐 オルニトミムス
- 危 ダチョウ
  - Battle 7 P26
- 恐 ガストルニス
- 危 クズリ
  - Battle 8 P29
  - Battle 20 P71
- 最強武闘派恐竜《さいきょうぶとうはきょうりゅう》 恐 デイノニクス
  - Battle 28 P102
- 準々決勝《じゅんじゅんけっしょう》 Battle 34 P129

恐竜《きょうりゅう》・古生物軍《こせいぶつぐん》のエンブレム

CONTENTS

COLUMN

地《ち》球史上最大《きゅうしじょうさいだい》・最強《さいきょう》の呼《よ》び声高《こえたか》い生物《せいぶつ》たちが、恐竜《きょうりゅう》や古生物《こせいぶつ》の中《なか》にたくさんいる。特《とく》にシードに配置《はいち》した生物《せいぶつ》は、そんな中《なか》でもレジェンド級《きゅう》の生物《せいぶつ》たちだ。古代《こだい》の最強生物《さいきょうせいぶつ》たちに、現代《げんだい》の危険生物《きけんせいぶつ》たちが挑《いど》む。

恐 恐竜・古生物軍《きょうりゅうこせいぶつぐん》

危 危険生物軍《きけんせいぶつぐん》

- Battle 38 P143 準決勝《じゅんけっしょう》
  - Battle 35 P132 準々決勝《じゅんじゅんけっしょう》
    - Battle 29 P106
      - 恐るべき巨大牙《おそ　きょだいきば》 恐 スミロドン
      - Battle 21 P74
        - Battle 9 P34
          - 恐 シノルニトサウルス
          - 危 ラーテル
        - Battle 10 P37
          - 恐 メガネウラ
          - 危 オオスズメバチ
    - Battle 30 P110
      - 古生代《こせいだい》の猛獣《もうじゅう》 恐 ディメトロドン
      - Battle 22 P77
        - Battle 11 P40
          - 恐 ハーストイーグル
          - 危 オオアナコンダ
        - Battle 12 P43
          - 恐 ギガントピテクス
          - 危 トラ
  - Battle 36 P135 準々決勝《じゅんじゅんけっしょう》
    - Battle 31 P114
      - 最強武《さいきょうぶ》そう恐竜《きょうりゅう》 恐 トリケラトプス
      - Battle 23 P80
        - Battle 13 P46
          - 恐 パキケファロサウルス
          - 危 ジャコウウシ
        - Battle 14 P49
          - 恐 ブロントテリウム
          - 危 アフリカゾウ
    - Battle 32 P118
      - 新生代《しんせいだい》の巨獣《きょじゅう》 恐 ケナガマンモス
      - Battle 24 P83
        - Battle 15 P52
          - 恐 ヒアエノドン
          - 危 カバ
        - Battle 16 P55
          - 恐 アーケオプテリクス
          - 危 キジ

危険生物軍《きけんせいぶつぐん》のエンブレム

エキシビジョン

ルール解説《かいせつ》

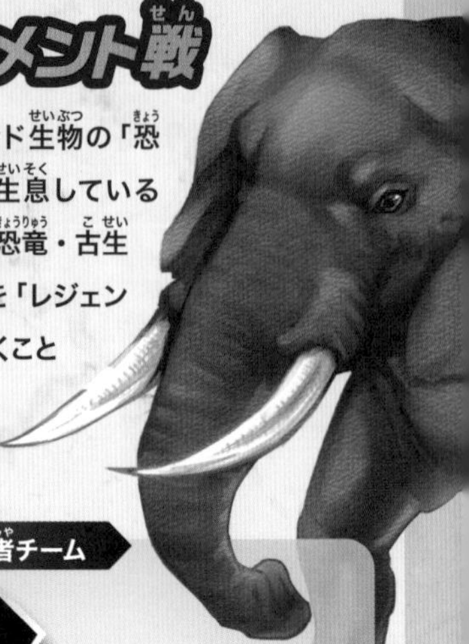

2つのチームが戦《たたか》うトーナメント戦《せん》

かつて地球上《ちきゅうじょう》で活動《かつどう》していたレジェンド生物《せいぶつ》の「恐《きょう》竜《りゅう》・古生物軍《こせいぶつぐん》」に、現在《げんざい》、地球上《ちきゅうじょう》に生息《せいそく》している「危険生物軍《きけんせいぶつぐん》」が挑《いど》むトーナメント戦《せん》。恐竜《きょうりゅう》・古生《こせい》物軍《ぶつぐん》は、その中《なか》で特《とく》に強《つよ》いとされている生物《せいぶつ》を「レジェンド生物《せいぶつ》」として、トーナメントのシード枠《わく》に置《お》くことができる。勝《か》ち進《すす》むと、同《おな》じチームの生物《せいぶつ》どうしで戦《たたか》うケースもでてくる。

チャンピオンチーム

恐竜《きょうりゅう》・古生物軍《こせいぶつぐん》

かつて地球上《ちきゅうじょう》にいた恐竜《きょうりゅう》・古生物《こせいぶつ》からなるチーム。恐《きょう》竜《りゅう》を中心《ちゅうしん》に地球史上最強《ちきゅうしじょうさいきょう》の生物《せいぶつ》が集《あつ》まるドリームチームが結成《けっせい》された。

挑戦者《ちょうせんしゃ》チーム

危険生物軍《きけんせいぶつぐん》

現代《げんだい》の地球上《ちきゅうじょう》にいる生物《せいぶつ》からなるチーム。危険生物《きけんせいぶつ》とおそれられている現生最強《げんせいさいきょう》のほ乳類《にゅうるい》、鳥類《ちょうるい》、は虫類《ちゅうるい》、昆《こん》虫《ちゅう》たちが集結《しゅうけつ》した。

1対《たい》1の何《なん》でもありのバトル

トーナメントで対戦《たいせん》する動物《どうぶつ》は、1対《たい》1のバトルを行《おこ》なう。相手《あいて》を絶命《ぜつめい》させたり、相手《あいて》が逃《に》げ出《だ》したりすれば勝利《しょうり》となる。戦《たたか》うフィールド（場所《ばしょ》）は、AI《エーアイ》が戦力《せんりょく》のバランスを考《かんが》えて、ランダムで設定《せってい》する。戦《たたか》いが終《お》わった後《あと》は、体力《たいりょく》やケガは回復《かいふく》し、次《つぎ》の戦《たたか》いに挑《いど》む。

優勝《ゆうしょう》した動物《どうぶつ》がいる軍団《ぐんだん》の勝利《しょうり》

トーナメントを最後《さいご》まで勝《か》ち進《すす》んだ動物《どうぶつ》は「最強王《さいきょうおう》」の称号《しょうごう》を手《て》にし、その動物《どうぶつ》が所属《しょぞく》する軍《ぐん》団《だん》が勝利《しょうり》をつかみ、次《つぎ》のチャンピオンチームとなる。

エキシビジョンとは？

メインのバトルであるトーナメント戦《せん》とは別《べつ》に、特別《とくべつ》な試《し》合《あい》を4試合設定《しあいせってい》した。ここには、ジャイアントパンダやヒトも参《さん》戦《せん》する予定《よてい》だ。

Battle《バトル》

1 → 16

1回戦《かいせん》

生物《せいぶつ》データの見方《みかた》

●生物《せいぶつ》の体長《たいちょう》と体重《たいじゅう》は、それぞれの生物《せいぶつ》の最大値《さいだいち》です。

●肉食《にくしょく》とは、動物質《どうぶつしつ》（ほ乳類《にゅうるい》、鳥《とり》、両生《りょうせい》は虫類《ちゅうるい》、魚《さかな》、虫《むし》など）を主食《しゅしょく》にすること。
草食《そうしょく》とは、植物質《しょくぶつしつ》（草《くさ》、根茎葉《こんけいは》、樹皮《じゅひ》、果実《かじつ》、種子《しゅし》）、キノコなどを主食《しゅしょく》にすること。

●生物《せいぶつ》の大《おお》きさは、10歳《さい》の男《おとこ》の子《こ》の平均《へいきん》身長《しんちょう》（1.4m《メートル》）と比《くら》べています。

ゴリラ馬《うま》 vs 現生《げんせい》ゴリラ

神経質《しんけいしつ》な巨大生物《きょだいせいぶつ》 カリコテリウム

DATA

分類《ぶんるい》 ほ乳類《にゅうるい》・奇蹄目《きていもく》カリコテリウム科《か》
分布《ぶんぷ》 ユーラシア
年代《ねんだい》 新生代《しんせいだい》・古第三紀《こだいさんき》

恐竜《きょうりゅう》・古生物軍《こせいぶつぐん》

馬《うま》とゴリラを足《た》したような動物《どうぶつ》で、サルのようにナックルウォークで歩《ある》く。手《て》には巨大《きょだい》なツメを持《も》ち、はかい力《りょく》はばつぐん。両手《りょうて》で地面《じめん》をたたくドラミングを行《おこ》なう。神経質《しんけいしつ》でおくびょうだが、戦闘《せんとう》のポテンシャルは高《たか》い。

体長《たいちょう》 2m《メートル》
体重《たいじゅう》 1t《トン》
草食《そうしょく》

優《やさ》しき森《もり》の力持《ちからも》ち ゴリラ

DATA

分類《ぶんるい》 ほ乳類《にゅうるい》・霊長目《れいちょうもく》オランウータン科《か》
分布《ぶんぷ》 アフリカ
年代《ねんだい》 現代《げんだい》

危険生物軍《きけんせいぶつぐん》

現生霊長類《げんせいれいちょうるい》で最大種《さいだいしゅ》。あく力《りょく》500kg《キログラム》とパワフルで、動《うご》きも俊敏《しゅんびん》だ。いかく行動《こうどう》として、むねをたたくドラミングが有名《ゆうめい》。もともとの性格《せいかつ》は気弱《きよわ》で好戦的《こうせんてき》ではないが、群《む》れのボスは、むれを守《まも》るために体《からだ》をはる。

体長《たいちょう》 1.8m《メートル》
体重《たいじゅう》 200kg《キログラム》
雑食《ざっしょく》

戦力分析《せんりょくぶんせき》

バトルスタート！

シーン1 ドラミングでいかく合戦《がっせん》

にらみ合《あ》いが続《つづ》く中《なか》、ゴリラがドラミングでいかく（相手《あいて》をおどかす行動《こうどう》）すると、カリコテリウムも負《ま》けずに、地面《じめん》をドラミングし返《かえ》す。どちらもしんちょうで、なかなかせっしょくしない。

バトルフィールド
森《もり》

シーン2 カリコテリウムがパワーでおしこむ！

ついに組《く》み合《あ》いになり、力《ちから》くらべが始《はじ》まる。ややカリコテリウムがパワーで勝《まさ》り、ゴリラがおされぎみに……。

シーン3 カリコテリウムの強《きょう》れつなビンタが直撃《ちょくげき》！

LIFE

Winner!

勝者《しょうしゃ》 恐竜《きょうりゅう》・古生物軍《こせいぶつぐん》 カリコテリウム

ゴリラが体《たい》せいをくずしたところを、カリコテリウムがするどいツメでビンタする。ゴリラはおびえて、その場《ば》から逃《に》げていく。

LIFE

TIME
11分《ふん》0秒《びょう》

バトル結果《けっか》

体格《たいかく》の大《おお》きなカリコテリウムがパワーでおしきる形《かたち》となり、ゴリラの戦意《せんい》をそう失《しつ》させて勝利《しょうり》をつかんだ。

ディフェンス恐竜《きょうりゅう》vs破壊王《はかいおう》

DATA

分類《ぶんるい》 ほ乳類《にゅうるい》・食肉目《しょくにくもく》クマ科《か》
分布《ぶんぷ》 ユーラシア・北米《ほくべい》
年代《ねんだい》 現代《げんだい》

恐竜界一《きょうりゅうかいいち》の"とげムチ使《つか》い"
ステゴサウルス

ほ乳類最強《にゅうるいさいきょう》の荒《あら》くれ者《もの》
ヒグマ

DATA

分類《ぶんるい》 は虫類《ちゅうるい》・鳥盤目《ちょうばんもく》
ステゴサウルス科《か》
分布《ぶんぷ》 現北米《げんほくべい》
年代《ねんだい》 中生代《ちゅうせいだい》・ジュラ紀後期《きこうき》

恐竜《きょうりゅう》・古生物軍《こせいぶつぐん》

スタミナがあり、動《うご》きが俊敏《しゅんびん》な草食恐竜《そうしょくきょうりゅう》。背中《せなか》の板《いた》は、防《ぼう》ぎょ用《よう》ではなく、放熱板《ほうねつばん》なのでもろい。尾《お》には剣竜《けんりゅう》のとくちょうでもある、殺傷能力《さっしょうのうりょく》があるスパイク（とげ）がついていて、これをムチのようにふり回《まわ》す。

体長《たいちょう》 7m《メートル》
体重《たいじゅう》 3t《トン》
草食《そうしょく》

戦力分析《せんりょくぶんせき》

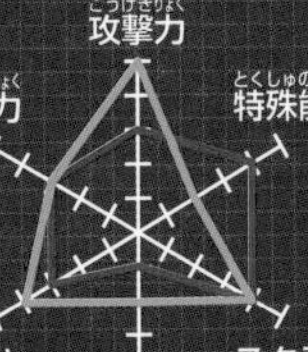

危険生物軍《きけんせいぶつぐん》

傷《きず》やいたみに強《つよ》く、やられるほどこうふんして強《つよ》くなる。気性《きしょう》が大変荒《たいへんあら》く、やられたら倍返《ばいがえ》しにしてくる。視力《しりょく》が悪《わる》く近眼《きんがん》だが、きゅう覚《かく》がするどく、数《すう》km《キロメートル》先《さき》のえもののにおいをかぎわける。50m《メートル》を4秒《びょう》で走《はし》るしゅん足《そく》だ。

体長《たいちょう》 2.5m《メートル》
体重《たいじゅう》 450kg《キログラム》
雑食《ざっしょく》

シーン1 ステゴサウルスの するどいとげの ムチがさくれつ！

バトルスタート！

バトルフィールド
草原《そうげん》

ステゴサウルスは、背《せ》を向《む》けて尻尾《しっぽ》をふり上《あ》げていかくする。ヒグマはひるまず、走《はし》りよってとびかかる。すかさず、スパイクがヒグマを直撃《ちょくげき》。

シーン2 ヒグマが がむしゃらにとつげき

それでもヒグマはひるまず、がむしゃらに、おそいかかる。ステゴサウルスの背中《せなか》の板《いた》をかんだり、むしり取《と》ったりする。この板《いた》は防《ぼう》ぎょ用《よう》ではなく、体温調節《たいおんちょうせつ》をするための板《いた》なのでもろい。

シーン3

ヒグマのはかい力《りょく》ばつぐんのビンタが直撃《ちょくげき》！

Winner!

勝者《しょうしゃ》 危険生物軍《きけんせいぶつぐん》 ヒグマ

ステゴサウルスが戦意《せんい》をそうしつしかけたところへ、ヒグマのビンタがさくれつ。ステゴサウルスの頭《あたま》をとらえる。ステゴサウルスは即死《そくし》する。

バトル結果《けっか》

とにかく相手《あいて》に向《む》かっていくヒグマのとうそう心《しん》ときょうぼう性《せい》が、体格《たいかく》の差《さ》をものともせず、ステゴサウルスをあっとうした。

TIME 38分《ふん》0秒《びょう》

最強《さいきょう》牙《きば》 VS 最強《さいきょう》毒《どく》

DATA
分類《ぶんるい》 は虫類《ちゅうるい》・有鱗目《ゆうりんもく》コブラ科《か》
分布《ぶんぷ》 東南《とうなん》アジア
年代《ねんだい》 現代《げんだい》

最《もっと》もかたい牙《きば》を持《も》つ獣《けもの》
ディノテリウム

蛇界《へびかい》の王《おう》
キングコブラ

DATA
分類《ぶんるい》 ほ乳類《にゅうるい》・長鼻目《ちょうびもく》ディノテリウム科《か》
分布《ぶんぷ》 アフリカ・ヨーロッパ・アジア
年代《ねんだい》 新生代《しんせいだい》・新第三《しんだいさん》紀《き》中期《ちゅうき》

恐竜《きょうりゅう》・古生物軍《こせいぶつぐん》

鼻《はな》が長《なが》く、ゾウのようなすがたをしていたが、最大《さいだい》のちがいは下向《したむ》きにのびている牙《きば》だ。現生《げんせい》のゾウよりもかたい材質《ざいしつ》で、地球《ちきゅう》の歴史上《れきしじょう》最《もっと》もかたい牙《きば》ともいわれている。この牙《きば》で攻撃《こうげき》されれば、どんな生物《せいぶつ》もひとたまりもないだろう。

体長《たいちょう》 4.3m《メートル》
体重《たいじゅう》 5t《トン》
草食《そうしょく》

戦力分析《せんりょくぶんせき》

危険生物軍《きけんせいぶつぐん》

毒《どく》ヘビ史上《しじょう》、最強《さいきょう》の毒《どく》を持《も》つキングコブラは、世界最大《せかいさいだい》の毒《どく》ヘビだ。巨大《きょだい》ゆえに、それほど俊敏《しゅんびん》ではない。しかし、その毒《どく》をひとたび注入《ちゅうにゅう》されてしまえば、たとえゾウほどの巨体《きょたい》を持《も》つ生物《せいぶつ》でも生《い》きのびることはできない。

体長《たいちょう》 4m《メートル》
体重《たいじゅう》 6kg《キログラム》
肉食《にくしょく》

バトルフィールド

森《もり》

バトルスタート！

シーン1

キングコブラがはげしくいかく

かま首《くび》を上《あ》げていかくする、戦《せん》とうたいせいのキングコブラ。それをデイノテリウムは足《あし》でふみつけようとするが、かわされる。キングコブラも足《あし》にかみつこうとするが、デイノテリウムはすばやくかわす。

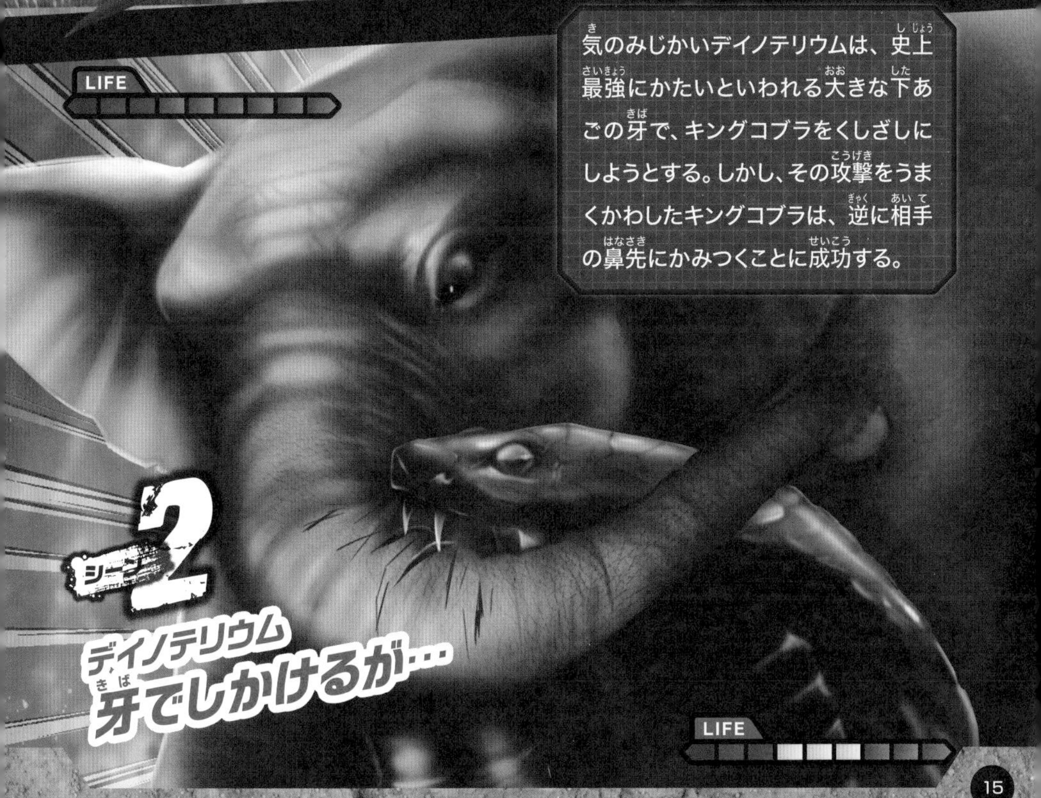

気《き》のみじかいデイノテリウムは、史上《しじょう》最強《さいきょう》にかたいといわれる大《おお》きな下《した》あごの牙《きば》で、キングコブラをくしざしにしようとする。しかし、その攻撃《こうげき》をうまくかわしたキングコブラは、逆《ぎゃく》に相手《あいて》の鼻先《はなさき》にかみつくことに成功《せいこう》する。

シーン2

デイノテリウム牙《きば》でしかけるが…

デイノテリウムは、やわらかくて神経《しんけい》が集中《しゅうちゅう》している鼻《はな》をかまれて、思《おも》わずとび上《あ》がりもんどりうつ。大量《たいりょう》の神《しん》経毒《けいどく》を注入《ちゅうにゅう》されたデイノテリウムは、たおれてぜつ命《めい》。キングコブラはそれを無表《むひょう》情《じょう》でれいこくに見《み》つめる。

シーン 3 巨体《きょたい》の相手《あいて》もたおす キングコブラの猛毒《もうどく》

バトル結果《けっか》

必殺《ひっさつ》の牙《きば》で攻撃《こうげき》をくり返《かえ》したデイノテリウムであったが、キングコブラのカウンター攻撃《こうげき》で神経毒《しんけいどく》をまともにうけてしまった。もはや助《たす》かる見《み》こみはない。

凶悪《きょうあく》ハンマー VS 最長《さいちょう》キック

ぼく殺《さつ》こん棒《ぼう》をもつ戦車恐竜《せんしゃきょうりゅう》 アンキロサウルス

ノッポな破《は》かい王《おう》 キリン

DATA

分類《ぶんるい》 は虫類《ちゅうるい》・鳥盤目《ちょうばんもく》
アンキロサウルス科《か》
分布《ぶんぷ》 現北米《げんほくべい》
年代《ねんだい》 中生代《ちゅうせいだい》・白亜紀後期《はくあきこうき》

DATA

分類《ぶんるい》 ほ乳類《にゅうるい》・偶蹄目《ぐうていもく》キリン科《か》
分布《ぶんぷ》 アフリカ
年代《ねんだい》 現代《げんだい》

恐竜《きょうりゅう》・古生物軍《こせいぶつぐん》

かたい皮《ひ》ふの上《うえ》にかたいとっきがならぶ、がんじょうなヨロイをまとい、尾《お》の先《せん》たんには、こん棒《ぼう》のような太《ふと》い骨《ほね》があり、武《ぶ》器《き》として使用《しよう》できる。肉食恐竜《にくしょくきょうりゅう》も、簡単《かんたん》に手出《てだ》しできないほどの戦闘力《せんとうりょく》をほこっている。

体長《たいちょう》 10m《メートル》
体重《たいじゅう》 7t《トン》
草食《そうしょく》

戦力分析《せんりょくぶんせき》

危険生物軍《きけんせいぶつぐん》

なかまどうしで首《くび》をぶつけ合《あ》うネッキングなど、戦闘《せんとう》モードになるとはげしく戦《たたか》う。長《なが》い足《あし》からくり出《だ》されるキックは、ライオンの頭《ず》がい骨《こつ》をふんさいしてそく死《し》させるほどの破《は》かい力《りょく》を持《も》つ。

体長《たいちょう》 5m《メートル》
体重《たいじゅう》 1.9t《トン》
草食《そうしょく》

バトルフィールド
森《もり》またはサバンナ

バトルスタート！

1 いかくの行動《こうどう》でにらみ合《あ》い！

キリンは前足《まえあし》を広《ひろ》げて地面《じめん》をたたき付《つ》けていかくする。すると、アンキロサウルスも、それにこたえるように、尾《お》を上《あ》げていかく！　しばし、にらみ合《あ》いが続《つづ》く。

2 キリンがヒヅメでデコピン攻撃《こうげき》！

キリンは前足《まえあし》で、デコピンのようにヒヅメを相手《あいて》にたたき付《つ》けて攻撃《こうげき》する。しかし、戦車《せんしゃ》のような装甲《そうこう》を持《も》つアンキロサウルスはビクともしない。

3

アンキロサウルスがすきをねらってこん棒攻撃《ぼうこうげき》！

すきを見《み》て、アンキロサウルスが尻尾《しっぽ》のこん棒《ぼう》をキリンの足《あし》にたたき付《つ》ける。キリンは足《あし》をすくわれて転《てん》とうし、頭《あたま》からさかさになって大《おお》きな音《おと》を立《た》ててくずれる。キリンは血流《けつりゅう》が頭《あたま》に集中《しゅうちゅう》して失神《しっしん》してしまう。

バトル結果《けっか》

アンキロサウルスは、がん強《きょう》な装甲《そうこう》にくわえ、足元《あしもと》をからめとるこん棒使《ぼうづか》いもたくみ。まるで重戦車《じゅうせんしゃ》のようなアンキロサウルスが相手《あいて》を終始《しゅうし》あっとうする結果《けっか》となった。

地球史上最大級《ちきゅうしじょうさいだいきゅう》ほ乳類《にゅうるい》

インドリコテリウム

DATA

分類《ぶんるい》 ほ乳類《にゅうるい》・食肉目《しょくにくもく》ネコ科《か》
分布《ぶんぷ》 アフリカ〜西《にし》アジア
年代《ねんだい》 現代《げんだい》

最大草食獣《さいだいそうしょくじゅう》VS最強肉食獣《さいきょうにくしょくじゅう》

DATA

分類《ぶんるい》 ほ乳類《にゅうるい》・奇蹄目《きていもく》ヒラコドン科《か》
分布《ぶんぷ》 ユーラシア
年代《ねんだい》 新生代《しんせいだい》・古第三紀《こだいさんき》

百獣《ひゃくじゅう》の王《おう》

ライオン

恐竜《きょうりゅう》・古生物軍《こせいぶつぐん》

体《たい》長《ちょう》が約《やく》8m《メートル》ある史上最大《しじょうさいだい》の陸上《りくじょう》ほ乳類《にゅうるい》（キリンは5m《メートル》）。体《からだ》が大《おお》きいにもかかわらず、長《なが》く細《ほそ》い4本《ほん》の足《あし》で高速《こうそく》で走《はし》ることができたと考えられている。大《おお》きな体格《たいかく》をいかして、どんな戦《たたか》いをするのか見《み》ものだ。

体長《たいちょう》 8m《メートル》
体重《たいじゅう》 30t《トン》
草食《そうしょく》

戦力分析《せんりょくぶんせき》

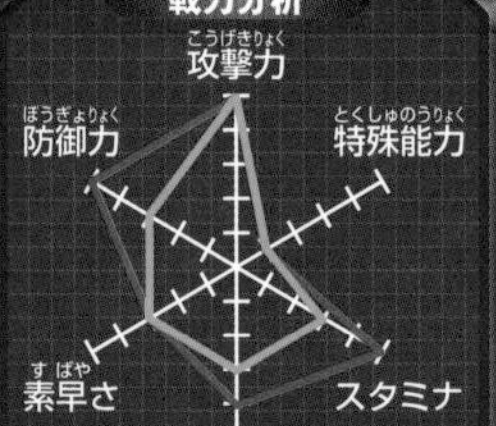

危険生物軍《きけんせいぶつぐん》

オスはむれを乗《の》っ取《と》ろうとする放浪《ほうろう》オスと決闘《けっとう》をくり広《ひろ》げる。「百獣《ひゃくじゅう》の王《おう》」の異名《いみょう》をとるだけあり、パワーやかむ力《ちから》は肉食《にくしょく》獣《じゅう》の中《なか》でトップクラスだ。大型獣《おおがたじゅう》をしとめる場合《ばあい》、鼻《はな》にかみついてちっそくさせて殺《ころ》す。

体長《たいちょう》 2.5m《メートル》
体重《たいじゅう》 250kg《キログラム》
肉食《にくしょく》

バトルスタート！

バトルフィールド

森《もり》

シーン1

ライオンが攻《せ》めあぐねる

おたがいにらみ合《あ》う。ライオンは攻《せ》めかかろうとするが、インドリコテリウムの巨《きょ》体《たい》を前《まえ》にしてなかなか近《ちか》寄《よ》れない。

シーン2

ライオンが背後《はいご》に回《まわ》って攻撃《こうげき》！

インドリコテリウムの背後《はいご》に回《まわ》って、尻《しり》にかみつく。しかし皮《ひ》ふがあつく歯《は》が立《た》たない。

インドリコテリウムは、尻《しり》にかみついたライオンをふり落《お》とし、とどめにふみつける。ライオンは圧死《あっし》する。

バトル結果《けっか》

インドリコテリウムの巨体《きょたい》とぶあつい皮《ひ》ふの前《まえ》には、さすがの百獣《ひゃくじゅう》の王《おう》も攻撃《こうげき》の方法《ほうほう》が見《み》つからなかった。インドリコテリウムの圧勝《あっしょう》。

爪《つめ》の王者《おうじゃ》vsツノの王者《おうじゃ》

恐怖《きょうふ》の巨大爪恐竜《きょだいつめきょうりゅう》 テリジノサウルス

DATA

分類《ぶんるい》 は虫類《ちゅうるい》・竜盤目《りゅうばんもく》テリジノサウルス科《か》
分布《ぶんぷ》 モンゴル・カザフスタン
年代《ねんだい》 中生代《ちゅうせいだい》・白亜紀後期《はくあきこうき》

ブチ切《ぎ》れ特攻野郎《とっこうやろう》 サイ

DATA

分類《ぶんるい》 ほ乳類《にゅうるい》・奇蹄目《きていもく》サイ科《か》
分布《ぶんぷ》 アフリカ
年代《ねんだい》 現代《げんだい》

恐竜《きょうりゅう》・古生物軍《こせいぶつぐん》

前《まえ》足《あし》の先《さき》には、最大《さいだい》70cm《センチメートル》にもおよぶ三本《さんぼん》のかぎ爪《づめ》がついている。このかぎ爪《づめ》で天敵《てんてき》を切《き》りさき、身《み》を守《まも》っていた。うでをのばすと長《なが》さは2m《メートル》にもおよび、この長《なが》いリーチで敵《てき》を近《ちか》くによせつけない。

体長《たいちょう》 7m《メートル》
体重《たいじゅう》 3t《トン》
肉食《にくしょく》

危険生物軍《きけんせいぶつぐん》

気《き》が短《みじか》く、うかつになわばりに入《はい》ると、相手《あいて》かまわずとっ進《しん》。かたい2本《ほん》のツノを持《も》ち、体《からだ》もかたくてがんじょう。ライオンを返《かえ》りうちにするほど強《つよ》いことから、“ライオンキラー”と恐《おそ》れられる。アフリカにはクロサイとシロサイの2種類《しゅるい》がいる。

体長《たいちょう》 3.1m《メートル》
体重《たいじゅう》 1.3t《トン》
草食《そうしょく》

バトルフィールド
草原《そうげん》

バトルスタート！

シーン1 テリジノサウルスが体《からだ》を大《おお》きく見《み》せていかく

テリジノサウルスは、両手《りょうて》をあげてバンザイのポーズで体《からだ》を大《おお》きく見《み》せていかくをし、爪《つめ》の大《おお》きさも見《み》せつける。短気《たんき》なサイは、ちょうはつされると、しゅん間的《かんてき》にキレる。

キレてとっ進《しん》してくるサイに、ナタのような巨大《きょだい》な爪《つめ》をふり下《お》ろすテリジノサウルス。深《ふか》い傷《きず》を与《あた》えるが、皮《ひ》ふのあついサイにとって致命傷《ちめいしょう》にはならず、ひるまずとっ進《しん》してくる。

シーン2 サイがキレながら猛《もう》とっ進《しん》！

シーン3 サイのツノ攻撃《こうげき》が決《き》まる

サイのはげしい先制攻撃《せんせいこうげき》に体勢《たいせい》をくずすテリジノサウルス。すばやくパワフルなサイは、テリジノサウルスの腹《はら》の下《した》にもぐりこみ、頭《あたま》（ツノ）を大《おお》きくつき立《た》てる。腹《はら》にツノがつきささり、テリジノサウルスは絶命《ぜつめい》する。

Winner!

勝《しょう》者《しゃ》　危険生物軍《きけんせいぶつぐん》　サイ

バトル結果《けっか》

サイの猛《もう》とっ進《しん》と、ぶあつい装甲《そうこう》には、テリジノサウルスの爪《つめ》も歯《は》が立《た》たなかった。最後《さいご》は、サイのツノによる体当《たいあ》たりで勝負《しょうぶ》あり。

DATA

分類《ぶんるい》 鳥類《ちょうるい》・ダチョウ目《もく》ダチョウ科《か》
分布《ぶんぷ》 アフリカ
年代《ねんだい》 現代《げんだい》

恐《おそ》るべきダチョウ恐竜《きょうりゅう》
オルニトミムス

現生鳥類最大最強《げんせいちょうるいさいだいさいきょう》
ダチョウ

恐竜《きょうりゅう》キック vs鳥《とり》キック

DATA

分類《ぶんるい》 は虫類《ちゅうるい》・竜盤目《りゅうばんもく》オルニトミムス科《か》
分布《ぶんぷ》 アメリカ・カナダ
年代《ねんだい》 中生代《ちゅうせいだい》・白亜紀後期《はくあきこうき》

恐竜《きょうりゅう》・古生物軍《こせいぶつぐん》

歯《は》はなくクチバシを持《も》ち、長《なが》い首《くび》と長《なが》い後《うし》ろ足《あし》がとくちょう的《てき》なダチョウのような体形《たいけい》の恐竜《きょうりゅう》。尾《お》でバランスを取《と》りながら時速《じそく》50〜80km《キロメートル》の高速《こうそく》で移動《いどう》できたとされる。必殺技《ひっさつわざ》のダブルキックは強力《きょうりょく》。

戦力分析《せんりょくぶんせき》

危険生物軍《きけんせいぶつぐん》

現《げん》生《せい》の鳥類《ちょうるい》の中《なか》で最《もっと》も大《おお》きく、空《そら》を飛《と》べない鳥《とり》。走《はし》る速《はや》さは時速《じそく》70km《キロメートル》もあり、高速《こうそく》で移動《いどう》することができる。じまんの脚力《きゃくりょく》をいかして、天敵《てんてき》に対《たい》してキックをくり出《だ》す。

体長《たいちょう》 3m《メートル》
体重《たいじゅう》 60kg《キログラム》
雑食《ざっしょく》

体長《たいちょう》 2m《メートル》
体重《たいじゅう》 100kg《キログラム》
草食《そうしょく》

ぐうぜん出会《であ》い、距離《きょり》をおいて見《み》つめ合《あ》う両者《りょうしゃ》。一回《ひとまわ》り大《おお》きいオルニトミムスに対《たい》して、ダチョウは羽《はね》を広《ひろ》げて自分《じぶん》を２倍《ばい》の大《おお》きさに見《み》せていかくする。

気性《きしょう》の荒《あら》いダチョウが先制攻撃《せんせいこうげき》をしかけ、オルニトミムスを追《お》いかけまわす。しかし、走《はし》るスピードはほぼごかくでデッドヒートとなる。

Winner!

勝者《しょうしゃ》　恐竜《きょうりゅう》・古生物軍《こせいぶつぐん》　オルニトミムス

向《む》かい合《あ》い、キック戦《せん》になる。ダチョウはかた足《あし》でキックをこころみるが、オルニトミムスは尻尾《しっぽ》を支柱《しちゅう》にして、とびげりのように両足《りょうあし》でキック！　ダチョウはふきとばされて絶命《ぜつめい》する。

3 オルニトミムス必殺《ひっさつ》のダブルキック

TIME
11分《ふん》0秒《びょう》

バトル結果《けっか》

走《はし》る速《はや》さはほぼ同《おな》じくらいだが、キックのパワー差《さ》が勝敗《しょうはい》を決《き》めた。オルニトミムスのダブルキックの力《ちから》は1 t《トン》以上《いじょう》あるとされている。

相撲《すもう》パワー VS 総合格闘技《そうごうかくとうぎ》

重戦車《じゅうせんしゃ》の怪鳥《かいちょう》 ガストルニス

DATA

分類《ぶんるい》 鳥類《ちょうるい》・ガストルニス目《もく》
カストルニス科《か》
分布《ぶんぷ》 現欧州《げんおうしゅう》
年代《ねんだい》 新生代《しんせいだい》・古第三紀《こだいさんき》

小《ちい》さな殺《ころ》し屋《や》 クズリ

DATA

分類《ぶんるい》 ほ乳類《にゅうるい》・食肉目《しょくにくもく》イタチ科《か》
分布《ぶんぷ》 ユーラシア・北米《ほくべい》
年代《ねんだい》 現代《げんだい》

恐竜《きょうりゅう》・古生物軍《こせいぶつぐん》

翼《つばさ》が小《ちい》さく、空《そら》を飛《と》ぶことはできないが、強《きょう》じんな足《あし》で走《はし》り回《まわ》っていたと考《かんが》えられている。クチバシでかむ力《ちから》は、ライオン級《きゅう》で、かまれるとひとたまりもない。スピードは速《はや》くはないため、一撃必殺《いちげきひっさつ》のチャンスをうかがう。

体高《たいこう》 2 m《メートル》
体重《たいじゅう》 500 kg《キログラム》
雑食《ざっしょく》？

戦力分析《せんりょくぶんせき》

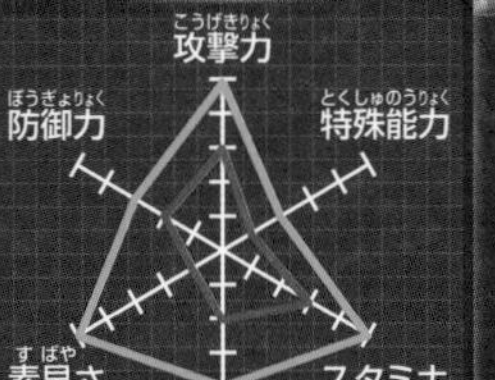

危険生物軍《きけんせいぶつぐん》

雪上《せつじょう》を自由《じゆう》に動《うご》き回《まわ》れる足《あし》うらの構造《こうぞう》で、1日《にち》40km以上《キロメートルいじょう》移動《いどう》できるほど、機動力《きどうりょく》はバツグン。手《て》には長《なが》くかたい爪《つめ》と、強力《きょうりょく》な牙《きば》を持《も》つ。小《ちい》さい体《からだ》ながらも、ホッキョクグマやトラさえもたおす攻撃力《こうげきりょく》と戦術《せんじゅつ》、どきょうを持《も》ち合《あ》わせている。

体長《たいちょう》 1 m《メートル》
体重《たいじゅう》 25 kg《キログラム》
肉食《にくしょく》

バトルフィールド

森《もり》

バトルスタート！

シーン1 クズリが間合《まあ》いをつめていく

クズリは機動力《きどうりょく》をいかして動《うご》き回《まわ》り、ガストルニスを追《お》いつめていく。ガストルニスは、集中《しゅうちゅう》してクズリの動《うご》きを読《よ》んですきをうかがう。

シーン2 ガストルニス、クチバシで攻撃《こうげき》！

ガストルニスは、クチバシを開《ひら》いて頭部《とうぶ》をおののように何度《なんど》もふり下《お》ろしてくる。クズリは、その動《うご》きを見切《みき》って、攻撃《こうげき》のチャンスをうかがう。

シーン3 クズリ、長《なが》い爪《つめ》で攻撃《こうげき》し、かみつく

後方《こうほう》からとびのったクズリをふりはらおうとするガストルニス。クズリは長《なが》い爪《つめ》を食《く》いこませてしがみつき、急所《きゅうしょ》である後頭部《こうとうぶ》の“えんずい”をかみくだいて絶命《ぜつめい》させる。

Winner!

勝者《しょうしゃ》 危険生物軍《きけんせいぶつぐん》 クズリ

バトル結果《けっか》

ガストルニスの強《きょう》れつな攻撃《こうげき》をすべて見切《みき》ったクズリは、ガストルニスの死角《しかい》からせめて、急所《きゅうしょ》を攻撃《こうげき》。スピードとパワーと戦略《せんりゃく》で圧《あっ》とうした。

TIME
16分《ふん》0秒《びょう》

動物《どうぶつ》の戦闘能力《せんとうのうりょく》の測《はか》り方《かた》

動物《どうぶつ》の戦闘力《せんとうりょく》を計測《けいそく》するのはむずかしい

動物《どうぶつ》の戦闘力《せんとうりょく》にはさまざまなものがあります。かみつく力《ちから》の「咬力《こうりょく》」、手足《てあし》でにぎる力《ちから》の「握力《あくりょく》」、ぶつかる力《ちから》の「突進力《とっしんりょく》」、追《お》いかけたり逃《に》げたりする「足《あし》の速《はや》さ」、とんだりはねたりする「ジャンプ力《りょく》」、体内《たいない》で作《つく》った毒《どく》で敵《てき》をたおす「毒《どく》の殺傷力《さっしょうりょく》」。他《ほか》にも「視力《しりょく》の良《よ》さ」や「視界《しかい》の広《ひろ》さ」、「嗅覚《きゅうかく》の鋭《するど》さ」や、「学習能力《がくしゅうのうりょく》」や、「群《む》れの結束力《けっそくりょく》」も重要《じゅうよう》な戦闘力《せんとうりょく》になるでしょう。これらの動物《どうぶつ》のスペックの計測《けいそく》はとてもむずかしいです。なぜなら、動物《どうぶつ》がどこまで本気《ほんき》を出《だ》したものなのかわからないからです。実験室《じっけんしつ》や野外《やがい》で計測《けいそく》してみても、本当《ほんとう》はもっと力《ちから》をはっきできるのかもしれません。

握力《あくりょく》（にぎる力《ちから》）ランキング

1. ギガントピテクス……700kg《キロ》
2. ゴリラ……450kg《キロ》
3. オランウータン……400kg《キロ》
4. ハーストイーグル……150kg《キロ》
5. オウギワシ……100kg《キロ》

握力《あくりょく》自慢《じまん》のゴリラ。

さまざまな方法《ほうほう》を駆使《くし》して動物《どうぶつ》の戦闘力《せんとうりょく》を計測《けいそく》

動物《どうぶつ》の戦闘力《せんとうりょく》の計測方法《けいそくほうほう》の一例《いちれい》を紹介《しょうかい》します。キリンの走《はし》るスピードは、野生《やせい》で捕《つか》まえるときに追《お》いかける車《くるま》のスピードを参考《さんこう》にしています。サイのパワーは、車《くるま》をおそって角《つの》で押《お》したおしたエピソードから推定《すいてい》する方法もあります。ゴリラの握力《あくりょく》は、動物園《どうぶつえん》の500kg《キログラム》の力《ちから》に耐《た》えられるおりを曲《ま》げたエピソードからパワーを計算《けいさん》しています。

それでは、突進力《とっしんりょく》や打撃力《だげきりょく》は、どのように測定《そくてい》するのでしょうか？　ひとつの方法《ほうほう》としては、訓練《くんれん》したヒグマを計測器《けいそくき》に体当《たいあ》たりさせてパワーを計測《けいそく》します。サメやワニの咬力《こうりょく》は、圧力《あつりょく》センサーつきの棒《ぼう》をかませて計測《けいそく》します。

咬力《こうりょく》（かみつく力《ちから》）ランキング

1 メガロドン……12t《トン》※
2 ティラノサウルス……5.8t《トン》
3 イリエワニ……600kg《キロ》
4 ブチハイエナ……450kg《キロ》
5 ライオン……380kg《キロ》

魚《さかな》を食《た》べるイリエワニ。写真：Lip Kee

実験《じっけん》などで計測《けいそく》する場合《ばあい》は、動物《どうぶつ》はたいがいいやがるため、どこまで本気《ほんき》を出《だ》した数値《すうち》なのかは不明《ふめい》です。このような情報《じょうほう》をまとめて、総合的《そうごうてき》にパワーの予測《よそく》を割《わ》り出《だ》します。

太古《たいこ》の生物《せいぶつ》については、たとえばティラノサウルスの走《はし》る速度《そくど》は、足跡《あしあと》の化《か》石《せき》から歩はばを計《はか》って推定《すいてい》していますが、いずれもなぞが多《おお》く残《のこ》ります。しかし、そんななぞこそが、さまざまな動《どう》物《ぶつ》や恐竜《きょうりゅう》たちの魅力《みりょく》でもあるのです。

突進力《とっしんりょく》（体当《たいあ》たり破壊力《はかいりょく》）ランキング

1 インドリコテリウム……20t《トン》
2 ブロントテリウム……6t《トン》
3 マンモス……5t《トン》
4 ジャコウウシ……1.2t《トン》
5 ヒグマ……500kg《キロ》

突進《とっしん》の衝撃《しょうげき》を吸収《きゅうしゅう》する頭《あたま》の構造をしているジャコウウシ。

打撃力《だげきりょく》（パンチ、キック、尾《お》ヒレ攻撃《こうげき》）ランキング

1 シロナガスクジラの尾《お》ビレたたき……120t《トン》
2 アンキロサウルスの尾《お》……1.5t《トン》
3 キリンの前足《まえあし》キック力《りょく》……800kg《キロ》
4 アカカンガルーのキック力《りょく》……200kg《キロ》
5 ホラアナグマのビンタ力《りょく》……180kg《キロ》

現生生物最大《げんせいせいぶつさいだい》のシロナガスクジラ。

※インドリコテリウム（＝パラケラテリウム）
※ 1t（トン）＝1000kg（キログラム）

Battle 09
第1回戦

恐怖《きょうふ》の毒鳥恐竜《どくちょうきょうりゅう》

シノルニトサウルス

DATA

分類《ぶんるい》 ほ乳類《にゅうるい》・食肉目《しょくにくもく》イタチ科《か》

分布《ぶんぷ》 アフリカ

年代《ねんだい》 現代《げんだい》

恐竜《きょうりゅう》の毒牙《どくが》vsディフェンスマスター

DATA

分類《ぶんるい》 は虫類《ちゅうるい》・竜盤目《りゅうばんもく》ドロマエオサウルス科《か》

分布《ぶんぷ》 アジア

年代《ねんだい》 中生代《ちゅうせいだい》・白亜紀前期《はくあきぜんき》

恐《おそ》れを知《し》らぬ無敵戦車《むてきせんしゃ》

ラーテル

恐竜《きょうりゅう》・古生物軍《こせいぶつぐん》

体《からだ》が羽毛《うもう》でおおわれた、鳥《とり》にたすがたの羽毛恐竜《うもうきょうりゅう》。ヘビのような長《なが》い牙《きば》を持《も》ち、かみついて毒液《どくえき》を流《なが》しこむとくしゅ技能《ぎのう》を使《つか》って狩《か》りをしていたと考《かんが》えられている。

危険生物軍《きけんせいぶつぐん》

こわい物知《ものし》らずで、どん欲《よく》、さらに自分《じぶん》より大《おお》きいえものや強《つよ》い相手《あいて》にもひるまない。頭部《とうぶ》から背中《せなか》にかけて、しんしゅく性《せい》のあるかたい装甲《そうこう》をまとう。コブラ、サソリ、ハチなどの毒《どく》に対《たい》する耐性《たいせい》を持《も》つ。

体長《たいちょう》 90cm《センチメートル》
体重《たいじゅう》 20kg《キログラム》
肉食《にくしょく》

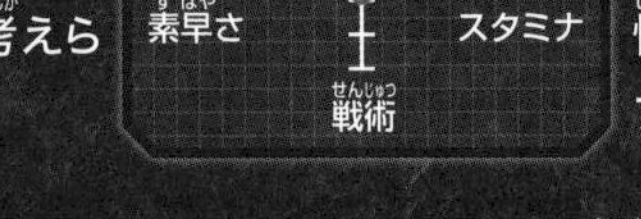

体長《たいちょう》 77cm《センチメートル》
体重《たいじゅう》 13kg《キログラム》
肉食《にくしょく》

バトルスタート！

バトルフィールド
森《もり》

シー 1
シノルニトサウルス 毒《どく》を注入《ちゅうにゅう》

俊敏《しゅんびん》なシノルニトサウルスは、ラーテルの背後《はいご》に回《まわ》ってかみついて毒牙《どくが》から毒《どく》を注入《ちゅうにゅう》する。

シー 2
ラーテル 意《い》しきを失《うしな》い、大《だい》ピンチ

ラーテルはたおれて、意《い》しきを失《うしな》う。シノルニトサウルスは、攻撃《こうげき》の手《て》をゆるめ、毒《どく》が回《まわ》って完全《かんぜん》に死《し》ぬのをそばで待《ま》っている。

3 ラーテルがすきをついて反撃《はんげき》

Winner!

勝者《しょうしゃ》 危険生物軍《きけんせいぶつぐん》 ラーテル

とつぜんラーテルはとび起《お》き、シノルニトサウルスの首《くび》にかみついて一撃必殺《いちげきひっさつ》で絶命《ぜつめい》させる。死《し》んだシノルニトサウルスの首《くび》をくわえて、勝者《しょうしゃ》のたたずまいをみせる。

バトル結果《けっか》

毒《どく》に耐性《たいせい》を持《も》つラーテルの死《し》んだふり作戦《さくせん》に、シノルニトサウルスはまんまとだまされて、ゆだんしたところをおそわれ勝負《しょうぶ》あり。

TIME
11分《ふん》0秒《びょう》

史上最大飛翔昆虫《しじょうさいだいひしょうこんちゅう》 VS 史上最恐《しじょうさいきょう》ハチ

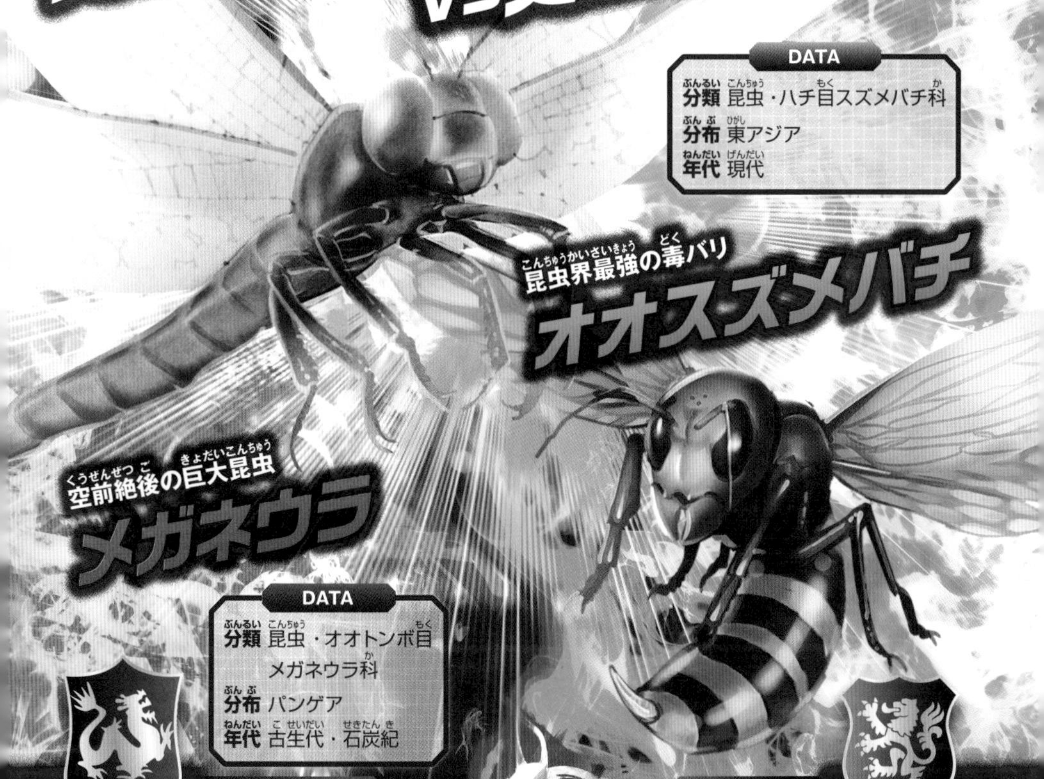

昆虫界最強《こんちゅうかいさいきょう》の毒《どく》バリ

オオスズメバチ

DATA

分類《ぶんるい》 昆虫《こんちゅう》・ハチ目《もく》スズメバチ科《か》
分布《ぶんぷ》 東《ひがし》アジア
年代《ねんだい》 現代《げんだい》

空前絶後《くうぜんぜつご》の巨大昆虫《きょだいこんちゅう》

メガネウラ

DATA

分類《ぶんるい》 昆虫《こんちゅう》・オオトンボ目《もく》
メガネウラ科《か》
分布《ぶんぷ》 パンゲア
年代《ねんだい》 古生代《こせいだい》・石炭紀《せきたんき》

恐竜《きょうりゅう》・古生物軍《こせいぶつぐん》

地《ち》球史上最大《きゅうしじょうさいだい》の昆虫《こんちゅう》だ。体《からだ》は大《おお》きくても、それなりに敏《びん》しょう性《せい》はあり、静止飛行《せいしひこう》をすることも可能《かのう》だったと考《かんが》えられている。空中《くうちゅう》で飛《と》んでいるえものをつかまえて、大《おお》きなアゴでかみくだいてエサにする肉食昆虫《にくしょくこんちゅう》だ。

翼長《よくちょう》 70cm《センチメートル》
体重《たいじゅう》 60g《グラム》
肉食《にくしょく》

戦力分析《せんりょくぶんせき》

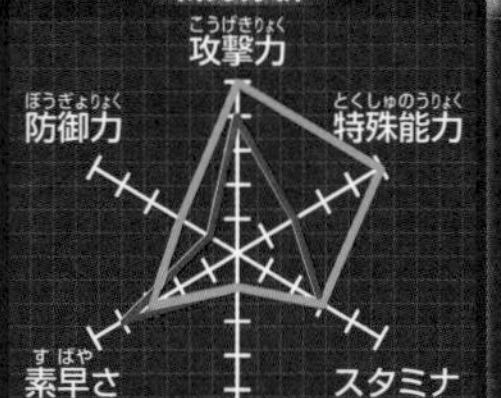

危険生物軍《きけんせいぶつぐん》

巣《す》に近《ちか》づく敵《てき》に対《たい》して、集団《しゅうだん》でおそいかかって毒《どく》バリで敵《てき》を攻撃《こうげき》する。毒《どく》バリは、ミツバチとちがって、何度《なんど》でも続《つづ》けてさせる。大《おお》きなアゴは昆虫《こんちゅう》などをかみつぶすことができ、それを幼虫《ようちゅう》のエサにしている。

体長《たいちょう》 5.5cm《センチメートル》
体重《たいじゅう》 3g《グラム》
肉食《にくしょく》

バトルフィールド
空中《くうちゅう》

バトルスタート！

ホバリングするメガネウラに、オオスズメバチがもうれつなアタックをしかけていく。

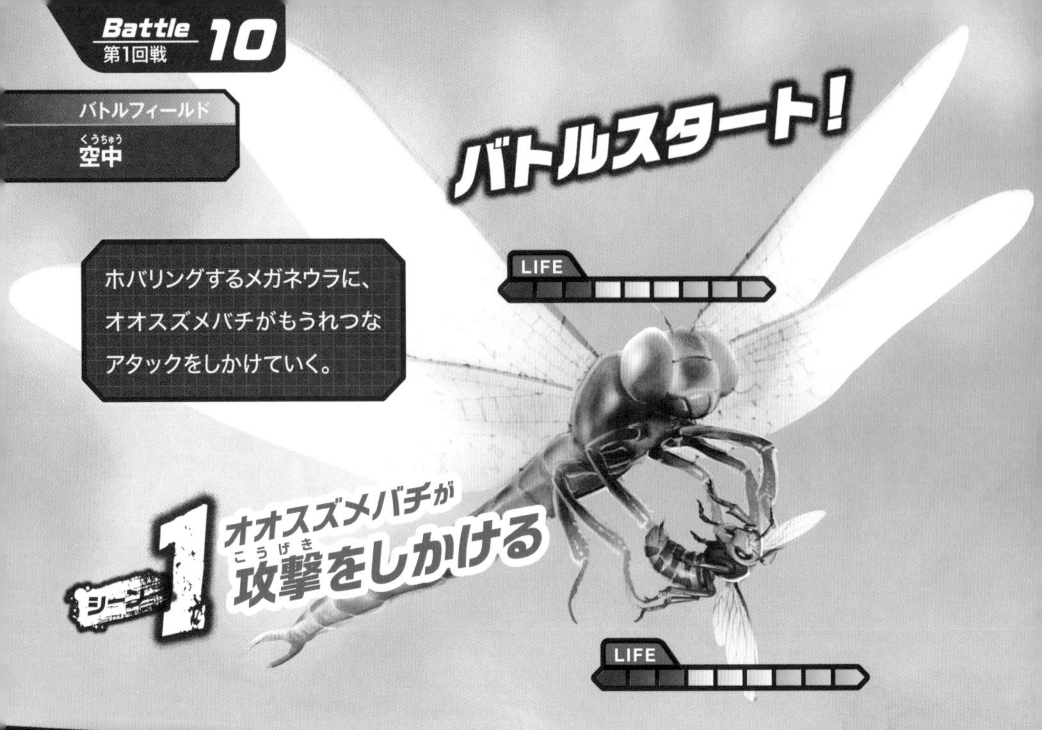

シーン1 オオスズメバチが攻撃《こうげき》をしかける

シーン2 メガネウラ飛《と》びながら脚《あし》でとらえる

メガネウラの脚《あし》に、オオスズメバチはとらえられる。オオスズメバチは、かまわずにアゴでかんだり、ハリをさして毒《どく》を注入《ちゅうにゅう》したりする。

シーン3 メガネウラは毒《どく》で弱《よわ》ってつい落《らく》

メガネウラは、オオスズメバチの毒《どく》で弱《よわ》ってつい落《らく》し、ついには戦闘《せんとう》不《ふ》能《のう》におちいる。

Winner!

勝《しょう》者《しゃ》 危険生物軍《きけんせいぶつぐん》 オオスズメバチ

バトル結果《けっか》

巨大《きょだい》なメガネウラと、それにかかんに向《む》かっていく小《ちい》さなオオスズメバチの体格差対決《たいかくさたいけつ》。最後《さいご》はオオスズメバチの毒《どく》によって、メガネウラはたおされる。

鳥《とり》のにぎり殺《ごろ》し vsヘビのしめ殺《ごろ》し

地球史上最大《ちきゅうしじょうさいだい》の猛《もう》きん類《るい》
ハーストイーグル

最強《さいきょう》の咬殺大蛇《こうさつだいじゃ》
オオアナコンダ

DATA

分類《ぶんるい》 鳥類《ちょうるい》・タカ目《もく》タカ科《か》
分布《ぶんぶ》 ニュージーランド
年代《ねんだい》 BC《ビーシー》1500年絶滅《ねんぜつめつ》

DATA

分類《ぶんるい》 は虫類《ちゅうるい》・有鱗目《ゆうりんもく》ボア科《か》
分布《ぶんぶ》 南《みなみ》アメリカ
年代《ねんだい》 現代《げんだい》

恐竜《きょうりゅう》・古生物軍《こせいぶつぐん》

史《し》上最大《じょうさいだい》の猛《もう》きん類《るい》で、えものをとらえる足《あし》のあく力《りょく》は100kg《キログラム》を超《こ》える怪力《かいりき》。ほとんどの猛《もう》きん類《るい》と同《おな》じように、えものをしゅう撃《げき》するときは、さとられないように太陽《たいよう》を背《せ》にして空《そら》からしのびよって攻撃《こうげき》する。

翼長《よくちょう》 3m《メートル》
体重《たいじゅう》 10kg《キログラム》
肉食《にくしょく》

戦力分析《せんりょくぶんせき》

危険生物軍《きけんせいぶつぐん》

敵《てき》が射《しゃ》てい距離《きょり》に入《はい》れば、一撃必殺《いちげきひっさつ》の“巻《ま》きつき”でとらえて、きつくしめ上《あ》げる。そのパワーは、ジャガーやワニさえもしめ殺《ころ》すほど。飛《と》ぶために軽量《けいりょう》に進化《しんか》した鳥類《ちょうるい》の骨《ほね》ならば、かんたんにふんさいすることができる。

体長《たいちょう》 9m《メートル》
体重《たいじゅう》 230kg《キログラム》
肉食《にくしょく》

バトルスタート！

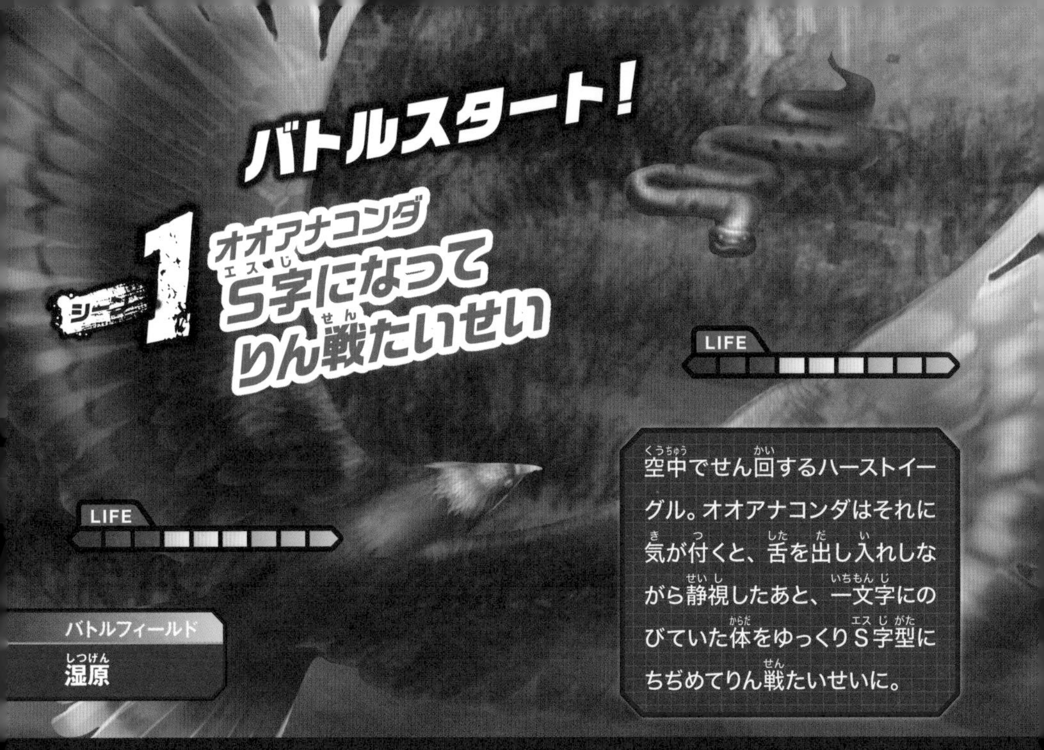

シーン1 オオアナコンダ S《エス》字《じ》になって りん戦《せん》たいせい

バトルフィールド
湿原《しつげん》

空中《くうちゅう》でせん回《かい》するハーストイーグル。オオアナコンダはそれに気《き》が付《つ》くと、舌《した》を出《だ》し入《い》れしながら静視《せいし》したあと、一文字《いちもんじ》にのびていた体《からだ》をゆっくりＳ《エス》字《じ》型《がた》にちぢめてりん戦《せん》たいせいに。

シーン2 ハーストイーグル 太陽《たいよう》を背《せ》にしてアタック！

ハーストイーグルは相手《あいて》の後《うし》ろに回《まわ》りこんで、太陽《たいよう》を背《せ》にして、オオアナコンダの急所《きゅうしょ》の首《くび》をめがけて時速《じそく》100km《キロメートル》で急《きゅう》こう下《か》する。

背後《はいご》からのきしゅうに、オオアナコンダは反射的《はんしゃてき》に巻《ま》きつこうと体《からだ》を動《うご》かすが、それより先《さき》にハーストイーグルの足《あし》につかまれる。あく力《りょく》100kg《キログラム》以上《いじょう》の力《ちから》で相手《あいて》の首《くび》をしめて息《いき》の根《ね》を止《と》めたハーストイーグルは、巨大《きょだい》な大蛇《だいじゃ》を持《も》ち上《あ》げて空《そら》の彼方《かなた》へ。

シーン 3 ハーストイーグルはあく力《りょく》で首《くび》をしめあげる

Winner!

勝者《しょうしゃ》 恐竜《きょうりゅう》・古生物軍《こせいぶつぐん》 ハーストイーグル

バトル結果《けっか》

つかまってしめ上《あ》げられる危険《きけん》をさけ、後方《こうほう》から攻《せ》めたハーストイーグル。オオアナコンダの運動能力《うんどうのうりょく》や行動《こうどう》パターンを知《し》りつくした戦略《せんりゃく》の勝利《しょうり》。

TIME
21分《ふん》0秒《びょう》

地球史上最大霊長類《ちきゅうしじょうさいだいれいちょうるい》

ギガントピテクス

ネコ科《か》最強《さいきょう》ハンター

トラ

巨大猿《きょだいざる》vs猛虎《もうこ》

DATA

分類《ぶんるい》 ほ乳類《にゅうるい》・食肉目《しょくにくもく》ネコ科《か》
分布《ぶんぷ》 アジア
年代《ねんだい》 現代《げんだい》

DATA

分類《ぶんるい》 ほ乳類《にゅうるい》・霊長目《れいちょうもく》ヒト科《か》
分布《ぶんぷ》 アジア
年代《ねんだい》 新生代《しんせいだい》・第四紀《だいよんき》

恐竜《きょうりゅう》・古生物軍《こせいぶつぐん》

ナックルウォークによる4足《そく》歩行《ほこう》をしていたと考《かんが》えられている巨大類人猿《きょだいるいじんえん》。これまで見《み》つかっているヒト科《か》の生物《せいぶつ》としても最大《さいだい》で、体長《たいちょう》は3ｍ《メートル》近《ちか》く、あく力《りょく》は500kg《キログラム》とすい定《てい》されている。

怪力巨人猿《かいりききょじんざる》の実力《じつりょく》はいかに。

体長《たいちょう》 3ｍ《メートル》
体重《たいじゅう》 500kg《キログラム》
草食《そうしょく》

戦力分析《せんりょくぶんせき》

危険生物軍《きけんせいぶつぐん》

狩《か》りのときは表情《ひょうじょう》をまったく変《か》えず、冷静沈着《れいせいちんちゃく》にえものを見《み》すえて、いっしゅんのかけ引《ひ》きでえものをとらえる、生《う》まれながらのハンター。上半身《じょうはんしん》のパワーがとくに強《つよ》く、あばれる500kg《キログラム》のスイギュウでさえも、力《ちから》づくでおさえこむ。

体長《たいちょう》 3.7ｍ《メートル》
体重《たいじゅう》 300kg《キログラム》
肉食《にくしょく》

シーン1 ギガントピテクスが重低音《じゅうていおん》の声《こえ》で相手《あいて》をいかく

バトルフィールド
森《もり》（竹林《たけばやし》）

バトルスタート！

ギガントピテクスが両手《りょうて》を地面《じめん》にたたきつけ、「ゔぉー」と重低音《じゅうていおん》でうなってトラをいかくする。トラはれいせいに静視《せいし》して、ギガントピテクスをにらみつける。

シーン2 トラが急所《きゅうしょ》めがけてとびかかる

近《ちか》よって来《く》るギガントピテクス。射《しゃ》ていけん内《ない》に入《はい》るとトラはとびかかり、猛《もう》れつなパワーでおさえこむ。急所《きゅうしょ》の首《くび》めがけてかみつき、いっしゅんでしとめる。

シー

3 トラは戦闘後《せんとうご》のグルーミング

絶命《ぜつめい》したギガントピテクスの横《よこ》で、狩《か》りのよいんを楽《たの》しむかのように、トラはゆったりと手《て》や体《からだ》をなめてグルーミングする。

バトル結果《けっか》

ネコ科《か》の狩《か》りは、まちぶせておさえこむレスラー型《がた》のパワー戦術《せんじゅつ》で、急所《きゅうしょ》をしとめる。まさに王道《おうどう》のネコ科《か》の狩《か》りのパターンでトラの圧勝《あっしょう》。

Battle 第1回戦 13

石頭恐竜《いしあたまきょうりゅう》 VS頭《ず》つき獣《じゅう》

DATA

分類《ぶんるい》 は虫類《ちゅうるい》・鳥盤目《ちょうばんもく》
パキケファロサウルス科《か》
分布《ぶんぷ》 現北米《げんほくべい》
年代《ねんだい》 中生代《ちゅうせいだい》・白亜紀後期《はくあきこうき》

頭《ず》つき恐竜《きょうりゅう》 パキケファロサウルス

雪原《せつげん》の特《とっ》こう隊長《たいちょう》 ジャコウウシ

DATA

分類《ぶんるい》 ほ乳類《にゅうるい》・偶蹄目《ぐうていもく》ウシ科《か》
分布《ぶんぷ》 ユーラシア・北米《ほくべい》
年代《ねんだい》 現代《げんだい》

恐竜《きょうりゅう》・古生物軍《こせいぶつぐん》

頭《あたま》の骨《ほね》のあつさが20cm《センチメートル》あり、とてもがんじょう。オスどうし、頭《ず》つきの闘争《とうそう》ディスプレイをして競《きそ》い合《あ》う。単独性《たんどくせい》で仲間《なかま》どうしのきずなはなかったと考《かんが》えられている。は虫類《ちゅうるい》なので連続《れんぞく》した速《はや》い運動《うんどう》がにが手《て》だが、強《きょう》れつな頭《ず》つきの一撃《いちげき》にかける。

体長《たいちょう》 4m《メートル》
体重《たいじゅう》 430kg《キログラム》
草食《そうしょく》

戦力分析《せんりょくぶんせき》

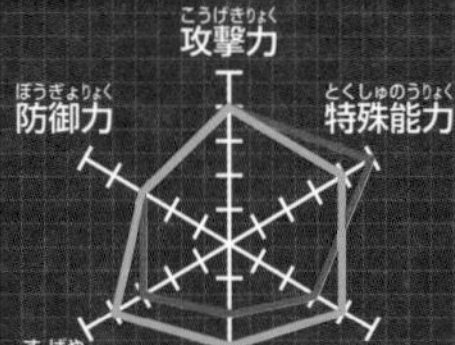

危険生物軍《きけんせいぶつぐん》

頭《あたま》の骨《ほね》にわれ目《め》があり、しょうげきをきゅうしゅうする構造《こうぞう》になっている。オスどうし、頭《ず》つきの闘争《とうそう》ディスプレイをする。仲間《なかま》のきずなが強《つよ》く、ピンチになると助《たす》けに行《い》くのもとくちょう。寒冷地《かんれいち》でくらすため、マイナス40度《ど》でも活動《かつどう》できる毛《け》を持《も》つ。

体長《たいちょう》 3m《メートル》
体重《たいじゅう》 500kg《キログラム》
草食《そうしょく》

バトルスタート！

パキケファロサウルスとジャコウウシ、まるでガンマン対決《たいけつ》のようにきょりをおいて見《み》つめ合《あ》いきんちょうが走《はし》る。

バトルフィールド
草原《そうげん》

シーン1 ジャコウウシは走《はし》り始《はじ》めるタイミングをうかがう

LIFE

LIFE

2 二頭《にとう》の頭《ず》つきがさくれつ!!

両者《りょうしゃ》がいきおいよく走《はし》り出《だ》し、頭《あたま》と頭《あたま》がはげしくしょうとつする。

Winner!

勝者《しょうしゃ》 危険生物軍《きけんせいぶつぐん》 ジャコウウシ

3 パキケファロサウルス 宙《ちゅう》をまう

パキケファロサウルスは、ふきとばされて、地面《じめん》にたたきつけられる。その後《ご》、ゆっくりと立《た》ち上《あ》がり退散《たいさん》する。

TIME
0分《ふん》18秒《びょう》

バトル結果《けっか》

四足歩行《よんそくほこう》のジャコウウシの加速《かそく》と、しょうげききゅうしゅうにたえられる安定感《あんていかん》が、二足歩行《にそくほこう》のパキケファロサウルスを上回《うわまわ》った。

Battle 14
第1回戦

DATA
分類《ぶんるい》 ほ乳類《にゅうるい》・奇蹄目《きていもく》ブロントテリウム科《か》
分布《ぶんぷ》 現北米《げんほくべい》
年代《ねんだい》 新生代《しんせいだい》・第四紀《だいよんき》

DATA
分類《ぶんるい》 ほ乳類《にゅうるい》・長鼻目《ちょうびもく》ゾウ科《か》
分布《ぶんぷ》 アフリカ
年代《ねんだい》 現代《げんだい》

パワフル古代巨獣《こだいきょじゅう》
ブロントテリウム

陸《りく》の破壊王《はかいおう》
アフリカゾウ

古代《こだい》の破壊王《はかいおう》 vs現生《げんせい》の破壊王《はかいおう》

恐竜《きょうりゅう》・古生物軍《こせいぶつぐん》

サイににたすがたをしているが、ウマの仲間《なかま》に近《ちか》い。体《からだ》の大《おお》きさは現生《げんせい》のゾウにせまるほどの大《おお》きさだ。Y字型《ワイじがた》のツノは、仲間《なかま》どうしで強《つよ》さを競《きそ》う闘争《とうそう》ディスプレイや、天敵《てんてき》から身《み》を守《まも》る武器《ぶき》として用《もち》いられたとされる。

体長《たいちょう》 4m《メートル》
体重《たいじゅう》 5t《トン》
草食《そうしょく》

戦力分析《せんりょくぶんせき》

危険生物軍《きけんせいぶつぐん》

するどくとがった牙《きば》を持《も》ち、強大《きょうだい》な体格《たいかく》。ふだんはおとなしそうな印象《いんしょう》を受《う》けるかもしれないが、戦闘《せんとう》モードに入《はい》ると手《て》が付《つ》けられない破壊王《はかいおう》と化《か》す。体当《たいあ》たりの破壊力《はかいりょく》は、現生動物《げんせいどうぶつ》最強《さいきょう》の呼《よ》び声《ごえ》も高《たか》い。

体長《たいちょう》 7m《メートル》
体重《たいじゅう》 8t《トン》
草食《そうしょく》

Battle 14
第1回戦

バトルスタート！

シーン1 アフリカゾウが耳《みみ》を広《ひろ》げていかく

アフリカゾウがいかくすると、ブロントテリウムはツノを相手《あいて》の顔《かお》に合《あ》わせるように頭《あたま》を低《ひく》く下《さ》げてとっ進《しん》いかくしせい。両者《りょうしゃ》がにらみ合《あ》い、闘争心《とうそうしん》がピークにたっするとぶつかり合う。

バトルフィールド
草原《そうげん》

シーン2 ブロントテリウムが急所《きゅうしょ》の腹部《ふくぶ》をツノでつく

先《せん》せい攻撃《こうげき》がとくいなブロントテリウムは、アフリカゾウの急所《きゅうしょ》である腹《ふく》部《ぶ》をツノでつき上《あ》げる。急所《きゅうしょ》を攻《せ》められてアフリカゾウはもんぜつする。

シーン3 アフリカゾウ、会心《かいしん》の一撃《いちげき》！

体《たい》せいを整《ととの》え、アフリカゾウは反撃《はんげき》に転《てん》じる。するどい牙《きば》の先《さき》が腹部《ふくぶ》につきささりブロントテリウムは絶命《ぜつめい》。戦闘後《せんとうご》、こうふんしたゾウは、左右《さゆう》に頭《あたま》と身体《からだ》をゆする。それはまるで勝利《しょうり》の舞《ま》いのようだ。

バトル結果《けっか》

体格《たいかく》はほぼごかくな二頭《にとう》の、ツノvs牙《きば》の戦《たたか》い。まるみのあるブロントテリウムのツノに対《たい》して、するどくとがったアフリカゾウの牙《きば》が、勝利《しょうり》をもぎとった。

Battle 15
第1回戦

かみくだき vs 巨体突進《きょたいとっしん》

水陸両用巨大戦車《すいりくりょうようきょだいせんしゃ》

カバ

DATA

分類《ぶんるい》 ほ乳類《にゅうるい》・偶蹄目《ぐうていもく》カバ科《か》
分布《ぶんぷ》 アフリカ
年代《ねんだい》 現代《げんだい》

すべてをかみくだく肉食獣《にくしょくじゅう》

ヒアエノドン

DATA

分類《ぶんるい》 ほ乳類《にゅうるい》・肉歯目《にくしもく》ヒアエノドン科《か》
分布《ぶんぷ》 現《げん》アフリカ〜ユーラシア〜北米《ほくべい》
年代《ねんだい》 新生代《しんせいだい》・古第三紀《こだいさんき》

恐竜《きょうりゅう》・古生物軍《こせいぶつぐん》

ヒアエノドンは、体《からだ》が大《おお》きくやや動《うご》きは鈍重《どんじゅう》だが、かむ力《ちから》はきわめて強《つよ》く、捕食者《ほしょくしゃ》として敵《てき》なしだ。攻撃《こうげき》するときは、急所《きゅうしょ》ではなく、あたりかまわずかみまくる。洗《せん》れんされていないが、戦《たたか》うにはイヤな相手《あいて》だ。

体長《たいちょう》 3m《メートル》
体重《たいじゅう》 500kg《キログラム》
肉食《にくしょく》

戦力分析《せんりょくぶんせき》

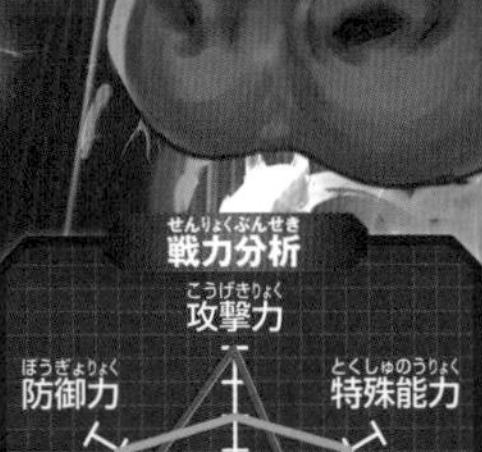

危険生物軍《きけんせいぶつぐん》

足場《あしば》の悪《わる》いドロ沼《ぬま》や水中《すいちゅう》など、捕食者《ほしょくしゃ》が近《ちか》よれない場所《ばしょ》で生活《せいかつ》し、エサである草《くさ》を食《た》べるとき陸《りく》にあがる。そこでおそわれても皮《ひ》ふがぶあついので、一撃《いちげき》必殺的《ひっさつてき》な致命傷《ちめいしょう》は負《お》いにくい。いざとなれば、太《ふと》い牙《きば》でおう戦《せん》する。

体長《たいちょう》 5m《メートル》
体重《たいじゅう》 4.5t《トン》
草食《そうしょく》

サバンナ・湿地《しっち》（夜《よる》）

シーン1 ヒアエノドンがきしゅうをしかける

夜間《やかん》、食事《しょくじ》のために陸《りく》にあがったカバをねらって、ヒアエノドンがしのびより、とつぜん、おそいかかる。

シーン2 しつこい攻撃《こうげき》にたえつづけるカバ

ヒアエノドンの攻撃《こうげき》で、カバのぶあつい皮《ひ》ふは傷《きず》だらけになるものの、傷《きず》はぞう器《き》にまではたっしないため、まったく弱《よわ》らない。ヒアエノドンがあせりはじめる。

シーン3 ヒアエノドン、お尻《しり》を攻撃《こうげき》！

ヒアエノドンは、肉《にく》がうすい尻《しり》（肛門《こうもん》）をかんで切《き》りさき、内《ない》ぞうを引《ひ》きずり出《だ》し、カバを絶命《ぜつめい》させる。

バトル結果《けっか》

カバの強《きょう》じんな皮《ひ》ふを、なかなか攻《こう》りゃくできず、ヒアエノドンの辛勝《しんしょう》といえる。ヒアエノドンは、パワーや肉食獣《にくしょくじゅう》として体格《たいかく》はずばぬけているが、狩《か》りの技《わざ》はいまひとつ。

Battle 16
第1回戦

始祖鳥《しそちょう》 vs 闘鶏《とうけい》

鳥《とり》の先祖《せんぞ》
アーケオプテリクス

鳥類一《ちょうるいいち》のあばれんぼう
キジ

DATA

分類《ぶんるい》 は虫類《ちゅうるい》・アーケオプテリクス目《もく》
アーケオプテリクス科《か》
分布《ぶんぷ》 現欧州《げんおうしゅう》
年代《ねんだい》 中生代《ちゅうせいだい》・ジュラ紀後期《きこうき》

DATA

分類《ぶんるい》 鳥類《ちょうるい》・キジ目《もく》キジ科《か》
分布《ぶんぷ》 日本《にほん》
年代《ねんだい》 現代《げんだい》

恐竜《きょうりゅう》・古生物軍《こせいぶつぐん》

別名《べつめい》「始祖鳥《しそちょう》」ともよばれ、鳥《とり》の祖先《そせん》とされるは虫類《ちゅうるい》。かっ空《くう》ていどしか飛《ひ》しょう能力《のうりょく》はないが、地上《ちじょう》では高速《こうそく》に力強《ちからづよ》く走《はし》り回《まわ》る。足《あし》を使《つか》った攻撃《こうげき》はあまりしないが、口《くち》には歯《は》があるため、かむ力《ちから》は鳥類《ちょうるい》よりまさる。

体長《たいちょう》 50cm《センチメートル》
体重《たいじゅう》 1kg《キログラム》
肉食《にくしょく》

戦力分析《せんりょくぶんせき》

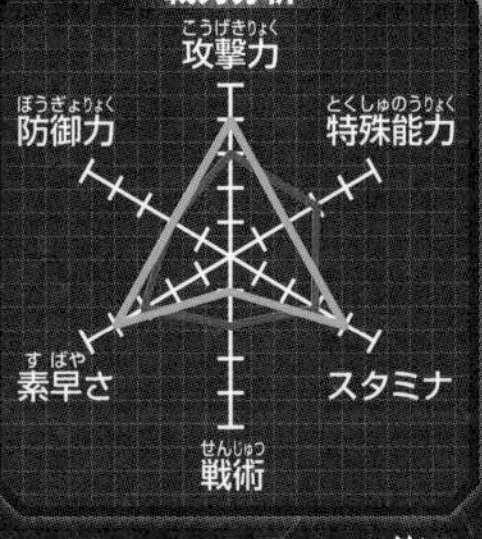

危険生物軍《きけんせいぶつぐん》

気性《きしょう》が荒《あら》く、はんしょく期《き》のオスは、なわばりに入《はい》ってきたものに対《たい》して、人間《にんげん》にでもトラックにでもはげしく攻撃《こうげき》する。とくいな技《わざ》は、クチバシつつきと、とびげりからの引《ひ》っかき。たとえ形勢不利《けいせいふり》でもしつこく攻撃《こうげき》してくる。

体長《たいちょう》 80cm《センチメートル》
体重《たいじゅう》 1kg《キログラム》
草食《そうしょく》

シーン1 キジがクチバシではげしくつつく

バトルフィールド
森《もり》

バトルスタート！

キジがさけびながらクチバシではげしい攻撃《こうげき》をしかけると、アーケオプテリクスも負《ま》けじとさけびながらつつき返《かえ》す。

シーン2 アーケオプテリクス かみついて反撃《はんげき》

アーケオプテリクスが、キジにかみつく。キジはいっしゅんひるむが、すぐに気持《きも》ちを立《た》て直《なお》し、むしろ燃《も》え上《あ》がる。

おたがい翼《つばさ》を広《ひろ》げて大《おお》きく見《み》せてけり合《あ》い、つつき合《あ》いをするが、アーケオプテリクスは相手《あいて》のしつこさについに戦意《せんい》そうしつして退散《たいさん》する。

シー3 キジがすばやい攻撃《こうげき》で圧《あつ》とう

Winner!

勝者《しょうしゃ》 危険生物軍《きけんせいぶつぐん》 キジ

6分《ふん》0秒《びょう》

バトル結果《けっか》

は虫類《ちゅうるい》のトカゲと鳥類《ちょうるい》のキジのバトル。アーケオプテリクスはかみつく力《ちから》は強力《きょうりょく》であったが、攻撃《こうげき》の手数《てかず》とスピード、そして何《なに》よりも気《き》の強《つよ》さでキジが勝《か》った。

エキシビジョン Exhibition 01

海《うみ》の王者決定戦《おおじゃけっていせん》！ 高速《こうそく》は虫類《ちゅうるい》VS高速魚《こうそくぎょ》

魚《ぎょ》類《るい》なみに高速《こうそく》で泳《およ》げる形態《けいたい》に進化《しんか》した中生《ちゅうせい》代《だい》の魚竜《ぎょりゅう》・イクチオサウルスと、現生《げんせい》の魚《ぎょ》類最速《るいさいそく》の時速《じそく》100km《キロ》で泳《およ》ぐバショウカジキが激《げき》とつする。海《うみ》の王者《おうじゃ》はどちらだ!?

DATA

分類《ぶんるい》 は虫類《ちゅうるい》・魚竜目《ぎょりゅうもく》イクチオサウルス科《か》
分布《ぶんぷ》 現欧州《げんおうしゅう》〜アジア
年代《ねんだい》 中生代《ちゅうせいだい》・ジュラ紀前期《きぜんき》

高速《こうそく》は虫類《ちゅうるい》

イクチオサウルス

DATA

分類《ぶんるい》 魚類《ぎょるい》・スズキ目《もく》マカジキ科《か》
分布《ぶんぷ》 インド太平洋《たいへいよう》の熱帯《ねったい》の海《うみ》
年代《ねんだい》 現代《げんだい》

高速魚《こうそくぎょ》

バショウカジキ

体長《たいちょう》 3m《メートル》
体重《たいじゅう》 90kg《キログラム》
肉食《にくしょく》

体長《たいちょう》 3.3m《メートル》
体重《たいじゅう》 100kg《キログラム》
肉食《にくしょく》

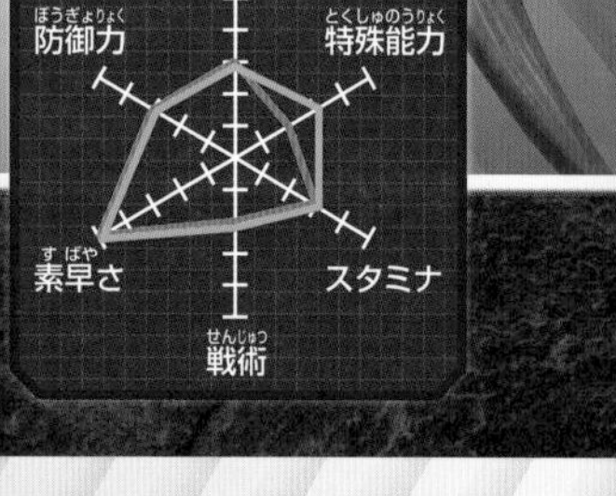

シーン1

おたがいに距離《きょり》を取《と》りながら泳《およ》ぎ、ようすをうかがう。は虫類《ちゅうるい》のイクチオサウルスは肺呼吸《はいこきゅう》をしているので、空気《くうき》を取《と》りこむために水面《すいめん》に浮上《ふじょう》する。それをにがすまいと、バショウカジキが高速《こうそく》で追《お》いかける。

シーン2

イクチオサウルスに先回《さきまわ》りしたバショウカジキは、ツノをつきたててとっ進《しん》。その攻撃《こうげき》を剣《けん》のように長《なが》い口《くち》の先《さき》でかわすイクチオサウルス。まるでフェンシングのような攻防《こうぼう》がくり広《ひろ》げられる。

バショウカジキのするどいツノが体《からだ》をさしつらぬく！

バトルフィールド

水中《すいちゅう》

シーン3

同《おな》じ戦術《せんじゅつ》で戦《たたか》う二匹《にひき》は、たがいに傷《きず》をおう。呼吸《こきゅう》をはばまれたイクチオサウルスは失神《しっしん》しかかっている。そこをバショウカジキがするどいツノで勢《いきお》いよくつきさし、勝負《しょうぶ》あり。

Winner!

勝者《しょうしゃ》 **バショウカジキ**

バトル結果《けっか》

エラ呼吸《こきゅう》のできる魚類《ぎょるい》に水中戦《すいちゅうせん》の軍配《ぐんばい》が上《あ》がった。バショウカジキのツノの構造《こうぞう》の方《ほう》が鋭利《えいり》で攻撃《こうげき》にてきし、しょう撃《げき》が大《おお》きいのも勝因《しょういん》のひとつ。

TIME

3分《ふん》0秒《びょう》

動物《どうぶつ》はどうして戦《たたか》うの？

動物《どうぶつ》たちが戦《たたか》う4つの理由《りゆう》

動物《どうぶつ》たちは、いったい何《なん》のために戦《たたか》ったり、争《あらそ》ったりしているのでしょうか？

基本《きほん》は生《い》きるためですが、他《ほか》にも様々《さまざま》な理由《りゆう》があり、主《おも》な答《こた》えは次《つぎ》の4つです。

❶食《く》う・食《く》われるの戦《たたか》い

獲物《えもの》の狩《か》りをするための戦《たたか》いと、天《てん》敵《てき》におそわれないように反撃《はんげき》する戦《たたか》いがあります。これは肉食動物《にくしょくどうぶつ》と草食動《そうしょくどう》物《ぶつ》※のように種《しゅ》がちがうもの同士《どうし》での戦《たたか》いになり、命《いのち》がかかっています。

❷なわばりをめぐる戦《たたか》い

トビを攻撃《こうげき》するカラス。

これは同《おな》じ種同士《しゅどうし》での戦《たたか》いになります。安全《あんぜん》で快適《かいてき》なねぐらや、子育《こそだ》て向《む》きの場所《ばしょ》、一年《いちねん》を通《とお》して食料《しょくりょう》が限《かぎ》られているきびしい場所《ばしょ》、結婚相手《けっこんあいて》が見《み》つかりにくい場所《ばしょ》などでくらす動物《どうぶつ》は、ライバルと戦《たたか》ってなわばりから追《お》い出《だ》したり、または乗《の》っ取《と》ったりします。

獲物《えもの》の肉《にく》を食《た》べるリカオン。

❸社会性《しゃかいせい》・順位制《じゅんいせい》の戦《たたか》い

サルやオオカミなど群《む》れをつくる社《しゃ》会性動物《かいせいどうぶつ》には、きびしい上下関係《じょうげかんけい》があり、自分《じぶん》の順位《じゅんい》を上《あ》げていくために同《おな》じ群《む》れのライバルと戦《たたか》いをします。群《む》れのリーダーになるには経験《けいけん》をたくさん積《つ》まないとなれません。

❹ストレスによる争《あらそ》い

これといった理由《りゆう》がなくイライラして、ケンカが始《はじ》まることもあります。特《とく》にその動物《どうぶつ》にとって生息密度《せいそくみつど》が高《たか》くなると殺《ころ》し合《あ》いがはじまることがあります（密度効果《みつどこうか》）。

生《い》きるか死《し》ぬかのおたがいの強《つよ》さを決《き》める動物《どうぶつ》の戦《たたか》いは、殺《ころ》し合《あ》いではなく、スポーツのようにそれぞれ勝敗《しょうはい》のルールが定《さだ》められて、死闘《しとう》になっても相手《あいて》を殺《ころ》す目的《もくてき》では戦《たたか》いません。

Battle《バトル》

17 → 24

2回戦《かいせん》

ほ乳類最強《にゅうるいさいきょう》の荒《あら》くれ者《もの》
ヒグマ

静《しず》かなるビンタ vs 怒《いか》りのビンタ

神経質《しんけいしつ》な巨大生物《きょだいせいぶつ》
カリコテリウム

DATA

分類《ぶんるい》 ほ乳類《にゅうるい》・奇蹄目《きていもく》カリコテリウム科《か》
分布《ぶんぷ》 ユーラシア
年代《ねんだい》 新生代《しんせいだい》・古第三紀《こだいさんき》

DATA

分類《ぶんるい》 ほ乳類《にゅうるい》・食肉目《しょくにくもく》クマ科《か》
分布《ぶんぷ》 ユーラシア・北米《ほくべい》
年代《ねんだい》 現代《げんだい》

恐竜《きょうりゅう》・古生物軍《こせいぶつぐん》

1回戦《かいせん》では、ゴリラを強《きょう》れつな爪《つめ》のビンタの一撃《いちげき》でたおした。2回戦《かいせん》の相手《あいて》は、きょうぼう性《せい》と圧《あっ》とう的《てき》なパワーをほこるヒグマで、戦闘《せんとう》スタイルもにている。しんちょうで神経質《しんけいしつ》な性格《せいかく》だが、体格《たいかく》では相手《あいて》を圧《あっ》とうしており、勝機《しょうき》は十分《じゅうぶん》だ。

体長《たいちょう》 2m《メートル》
体重《たいじゅう》 1t《トン》
草食《そうしょく》

戦力分析《せんりょくぶんせき》

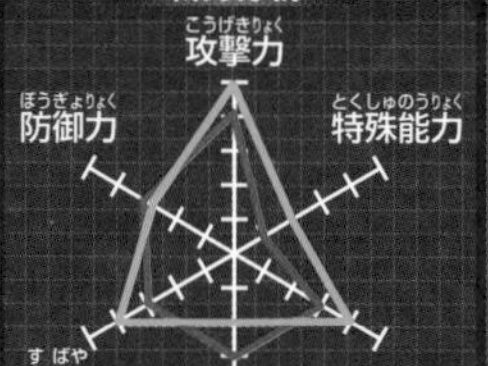

危険生物軍《きけんせいぶつぐん》

1回戦《かいせん》では体格差《たいかくさ》で上回《うわまわ》るステゴサウルスをノックアウト。2回戦《かいせん》のカリコテリウムも、倍以上《ばいいじょう》の重量《じゅうりょう》を持《も》つ手《て》ごわい相手《あいて》だ。視力《しりょく》が悪《わる》いため、とにかくとっ進《しん》し、がむしゃらに攻撃《こうげき》をしかける特攻戦術《とっこうせんじゅつ》でいどむ。

体長《たいちょう》 2.5m《メートル》
体重《たいじゅう》 450kg《キログラム》
肉食《にくしょく》

バトルスタート！

バトルフィールド

草原《そうげん》

シーン1 カリコテリウムがいかく鳴《な》きをする

カリコテリウムは相手《あいて》が手《て》ごわいと判断《はんだん》すると、長《なが》いりょう手《て》を上《あ》げて直立《ちょくりつ》し、自分《じぶん》を大《おお》きく見《み》せて「ヒヒーン」といかく鳴《な》きをする。ヒグマも負《ま》けじと対抗《たいこう》して直《ちょく》立《りつ》し、自分《じぶん》を大《おお》きく見《み》せる。

シーン2 ヒグマ 高速《こうそく》ビンタの連打《れんだ》！

カリコテリウムのナタのようにふり下《お》ろした爪《つめ》が、ヒグマの顔《かお》や体《からだ》に何度《なんど》もヒット。しかし、ヒグマは反《はん》げきに転《てん》じ、カリコテリウムにビンタを高速連打《こうそくれんだ》であびせる。

シーン3 ヒグマが脳天《のうてん》にかみついて頭骨《とうこつ》をくだく!

Winner!

勝者《しょうしゃ》 危険生物軍《きけんせいぶつぐん》 ヒグマ

カリコテリウムがひるんだしゅん間《かん》、こうふん状態《じょうたい》のヒグマは相手《あいて》にとびついて、脳天《のうてん》にかみつく。頭骨《とうこつ》をくだかれ、カリコテリウムは絶命《ぜつめい》。

バトル結果《けっか》

いたみや恐怖《きょうふ》を感《かん》じると、通常《つうじょう》の動物《どうぶつ》は逃避行動《とうひこうどう》をとるが、クマ類《るい》は逆《ぎゃく》に闘争心《とうそうしん》に火《ひ》がつく。戦《たたか》い向《む》きのメンタルのちがいが、勝利《しょうり》を左右《さゆう》した。

TIME
15分《ふん》0秒《びょう》

毒牙《どくが》vs最強《さいきょう》のヨロイ

DATA
分類《ぶんるい》 は虫類《ちゅうるい》・鳥盤目《ちょうばんもく》
アンキロサウルス科《か》
分布《ぶんぷ》 現北米《げんほくべい》
年代《ねんだい》 中生代《ちゅうせいだい》・白亜紀後期《はくあきこうき》

蛇界《へびかい》の王《おう》
キングコブラ

DATA
分類《ぶんるい》 は虫類《ちゅうるい》・有鱗目《ゆうりんもく》コブラ科《か》
分布《ぶんぷ》 東南《とうなん》アジア
年代《ねんだい》 現代《げんだい》

“ぼく殺《さつ》こん棒《ぼう》”をもつ戦車《せんしゃ》
アンキロサウルス

危険生物軍《きけんせいぶつぐん》

1回戦《かいせん》ではデイノテリウムを毒《どく》で制《せい》した。2回戦《かいせん》では、対《たい》肉食恐竜用《にくしょくきょうりゅうよう》のあついヨロイをまとうアンキロサウルスとの決戦《けっせん》！ぶあついヨロイを攻《こう》りゃくし、いかにして毒《どく》を注入《ちゅうにゅう》するかが、勝利《しょうり》をつかむカギとなる。

体長《たいちょう》 4m《メートル》
体重《たいじゅう》 6kg《キログラム》
肉食《にくしょく》

戦力分析《せんりょくぶんせき》

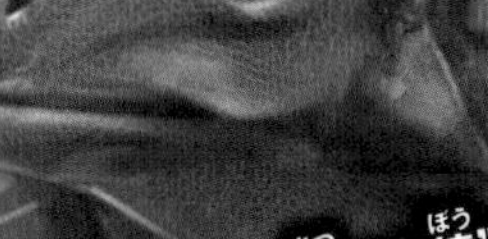

恐竜《きょうりゅう》・古生物軍《こせいぶつぐん》

1回戦《かいせん》ではキリンを尾《お》のこん棒《ぼう》でパワフルになぎたおして勝利《しょうり》をつかんだ。2回戦《かいせん》であたるのはキングコブラ。その牙《きば》をへしおるほど強固《きょうこ》なヨロイで身《み》を守《まも》り、強力《きょうりょく》なこん棒《ぼう》をふり回《まわ》す。勝利《しょうり》の道《みち》に死角《しかく》なし。

体長《たいちょう》 10m《メートル》
体重《たいじゅう》 7t《トン》
草食《そうしょく》

バトルフィールド
森《もり》

シーン1 キングコブラが かま首《くび》でいかく

バトルスタート!

キングコブラは、かま首《くび》をもちあげていかくする。アンキロサウルスも負《ま》けじと、戦闘体《せんとうたい》せいに入《はい》る。りょう者《しゃ》にらみ合《あ》いがつづく。

シーン2 アンキロサウルスが 尾《お》のこん棒《ぼう》をふり回《まわ》す

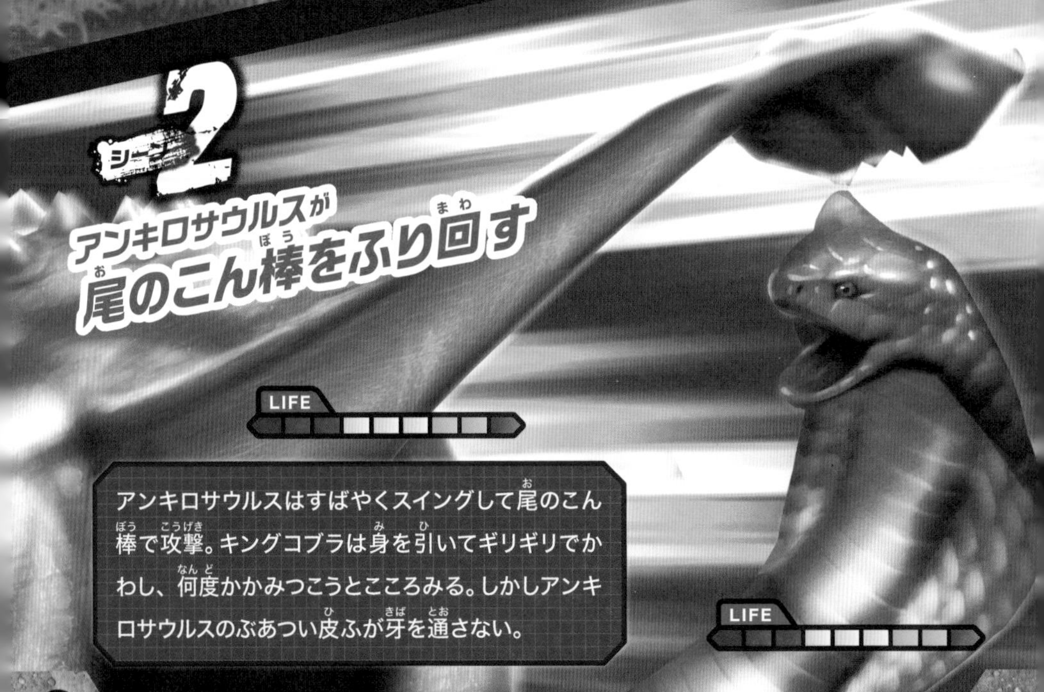

アンキロサウルスはすばやくスイングして尾《お》のこん棒《ぼう》で攻撃《こうげき》。キングコブラは身《み》を引《ひ》いてギリギリでかわし、何度《なんど》かかみつこうとこころみる。しかしアンキロサウルスのぶあつい皮《ひ》ふが牙《きば》を通《とお》さない。

シー 3 キングコブラ、冷静《れいせい》に相手《あいて》の弱点《じゃくてん》をねらう

Winner!

勝者《しょうしゃ》 危険生物軍《きけんせいぶつぐん》 **キングコブラ**

キングコブラは、アンキロサウルスの体《からだ》の下《した》にもぐりみ、皮《ひ》ふのうすい内《うち》またをかみ、毒《どく》を注入《ちゅうにゅう》。アンキロサウルスはしだいに弱《よわ》り、やがて絶命《ぜつめい》。キングコブラはそれを無表情《むひょうじょう》に見《み》つめる。

TIME
30分《ふん》0秒《びょう》

バトル結果《けっか》

アンキロサウルスは、対大型肉食恐竜戦用《たいおおがたにくしょくきょうりゅうせんよう》に、背面《はいめん》の装甲《そうこう》があつくなっている。しかし内《うち》ももなどはひかく的《てき》皮《ひ》ふがうすい。その弱点《じゃくてん》を、キングコブラにつかれてしまった。

Battle 19
第2回戦《かいせん》

DATA

分類《ぶんるい》 ほ乳類《にゅうるい》・奇蹄目《きていもく》サイ科《か》
分布《ぶんぷ》 アフリカ
年代《ねんだい》 現代《げんだい》

地球《ちきゅう》史上《しじょう》最大級《さいだいきゅう》ほ乳類《にゅうるい》
インドリコテリウム

ブチ切《ぎ》れ特攻《とっこう》野郎《やろう》
サイ

超巨大獣《ちょうきょだいじゅう》vsツノの突進《とっしん》

DATA

分類《ぶんるい》 ほ乳類《にゅうるい》・奇蹄目《きていもく》ヒラコドン科《か》
分布《ぶんぷ》 ユーラシア
年代《ねんだい》 新生代《しんせいだい》・古第三紀《こだいさんき》

恐竜《きょうりゅう》・古生物軍《こせいぶつぐん》

1回戦《かいせん》では百獣《ひゃくじゅう》の王《おう》ライオンを撃破《げきは》。2回戦《かいせん》の相手《あいて》、サイは、“ライオンキラー”の異名《いみょう》を持《も》つ、サバンナの猛者《もうじゃ》で、強力《きょうりょく》なツノはきょういだ。体格差《たいかくさ》では有利《ゆうり》だが、ゆだんのならない相手《あいて》だ。

体長《たいちょう》 8m《メートル》
体重《たいじゅう》 30t《トン》
草食《そうしょく》

戦力分析《せんりょくぶんせき》

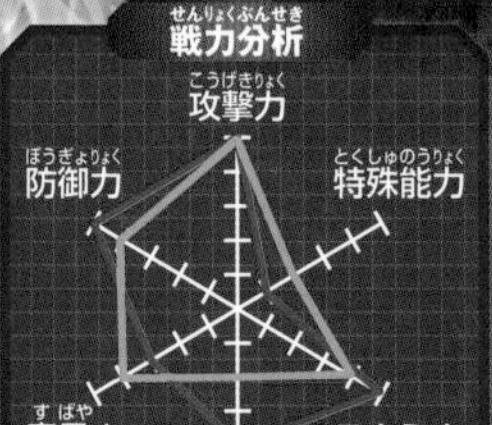

危険生物軍《きけんせいぶつぐん》

1回戦《かいせん》では、体格差《たいかくさ》をものともせずにテリジノサウルスをたおし、ツノによるとっ進《しん》のいりょくを見《み》せつけた。2回戦《かいせん》のインドリコテリウムは、超巨体《ちょうきょたい》の強敵《きょうてき》だが、どんな敵《てき》であっても、その強《つよ》気《き》な性格《せいかく》でとっ進《しん》あるのみ。

体長《たいちょう》 3.1m《メートル》
体重《たいじゅう》 1.3t《トン》
草食《そうしょく》

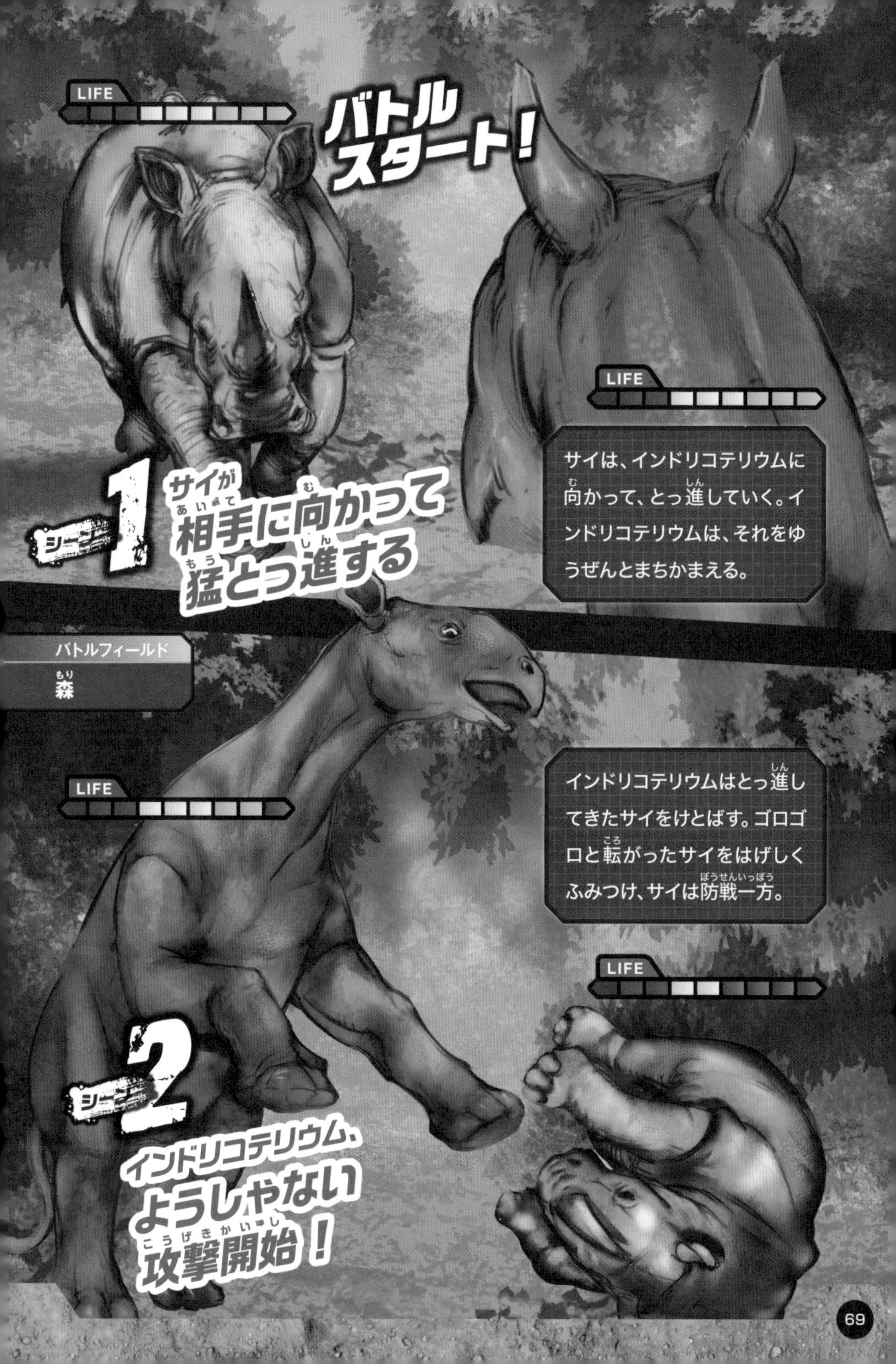

バトルスタート！

シーン1 サイが相手《あいて》に向《む》かって猛《もう》とつ進《しん》する

サイは、インドリコテリウムに向《む》かって、とっ進《しん》していく。インドリコテリウムは、それをゆうぜんとまちかまえる。

バトルフィールド
森《もり》

シーン2 インドリコテリウム、ようしゃない攻撃開始《こうげきかいし》！

インドリコテリウムはとっ進《しん》してきたサイをけとばす。ゴロゴロと転《ころ》がったサイをはげしくふみつけ、サイは防戦一方《ぼうせんいっぽう》。

シーン3 相手《あいて》の超重量級《ちょうじゅうりょうきゅう》の攻撃《こうげき》にサイは…

Winner!

勝者《しょうしゃ》 恐竜《きょうりゅう》・古生物軍《こせいぶつぐん》 インドリコテリウム

インドリコテリウムのけり回《まわ》し攻撃《こうげき》に、戦意《せんい》そうしつしたサイは、地平線《ちへいせん》に向《む》かって猛《もう》ダッシュで一目散《いちもくさん》に逃《に》げていく。

TIME
7分《ふん》0秒《びょう》

バトル結果《けっか》

気性《きしょう》のあらさで知《し》られるサイのとっ進《しん》も、戦艦《せんかん》のようなインドリコテリウムに対《たい》しては、小舟《こぶね》でぶつかるようなもの。圧《あっ》とう的《てき》な戦力《せんりょく》の差《さ》で、インドリコテリウムが圧勝《あっしょう》。

Battle 20 第2回戦

DATA

分類《ぶんるい》 は虫類《ちゅうるい》・竜盤目《りゅうばんもく》オルニトミムス科《か》
分布《ぶんぷ》 アメリカ・カナダ
年代《ねんだい》 中生代《ちゅうせいだい》・白亜紀後期《はくあきこうき》

恐《おそ》るべきダチョウ恐竜《きょうりゅう》
オルニトミムス

俊敏恐竜《しゅんぴんきょうりゅう》 vs 小《ちい》さな戦《せん》りゃく家《か》

小《ちい》さな殺《ころ》し屋《や》
クズリ

DATA

分類《ぶんるい》 ほ乳類《にゅうるい》・食肉目《しょくにくもく》イタチ科《か》
分布《ぶんぷ》 ユーラシア・北米《ほくべい》
年代《ねんだい》 現代《げんだい》

恐竜《きょうりゅう》・古生物軍《こせいぶつぐん》

1回戦《かいせん》は、必殺技《ひっさつわざ》の“ダブルキック”でダチョウをたおした。2回戦《かいせん》の相手《あいて》は、スピードとパワーをかねそなえた総合格闘家《そうごうかくとうか》クズリ。もち前《まえ》の機動力《きどうりょく》と、するどいクチバシの攻撃《こうげき》でいどむ。

戦力分析《せんりょくぶんせき》

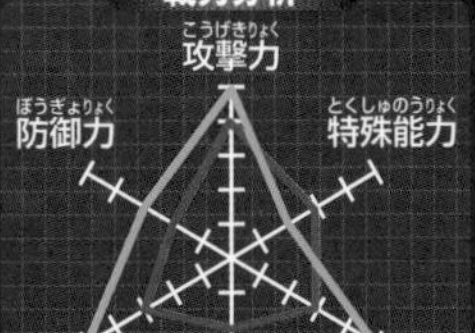

危険生物軍《きけんせいぶつぐん》

1回戦《かいせん》では、重戦車《じゅうせんしゃ》の怪鳥《かいちょう》ガストルニスをたおした。2回《かい》戦《せん》の相手《あいて》もタイプがにているが、より俊敏《しゅんびん》で手《て》ごわい。体格差《たいかくさ》もあるが、天性《てんせい》のメンタルの強《つよ》さと戦術《せんじゅつ》で、ひるむことなくかかんに立《た》ち向《む》かう。

体長《たいちょう》 3m《メートル》
体重《たいじゅう》 60kg《キログラム》
雑食《ざっしょく》

体長《たいちょう》 1m《メートル》
体重《たいじゅう》 25kg《キログラム》
肉食《にくしょく》

Battle 20
第2回戦

バトルフィールド
サバンナ

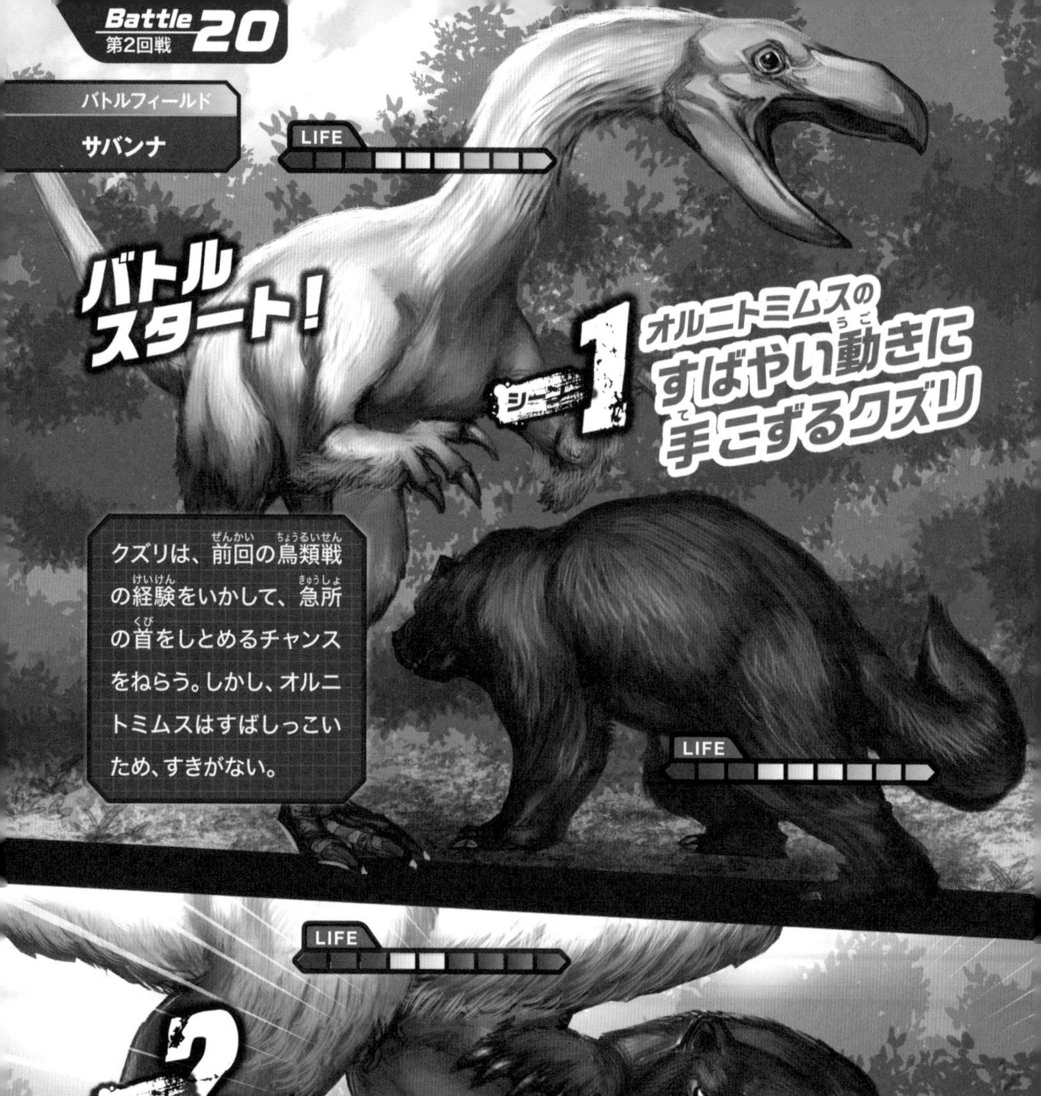

バトルスタート！

1 オルニトミムスのすばやい動《うご》きに手《て》こずるクズリ

クズリは、前回《ぜんかい》の鳥類戦《ちょうるいせん》の経験《けいけん》をいかして、急所《きゅうしょ》の首《くび》をしとめるチャンスをねらう。しかし、オルニトミムスはすばしっこいため、すきがない。

2 クズリ、作戦《さくせん》を変《へん》こう

クズリは戦術《せんじゅつ》を変《へん》こうし、足首《あしくび》にかみつき、筋《すじ》をだんれつさせて、オルニトミムスを動《うご》けないようにする。

シーン3 クズリ、最後《さいご》の一撃《いちげき》！

足《あし》を攻撃《こうげき》されて立《た》てなくなったオルニトミムス。その首《くび》にクズリはとびかかり、かみついて絶命《ぜつめい》させる。

バトル結果《けっか》

これまでの戦《たたか》いでの経験《けいけん》をいかしたり、能力《のうりょく》の高《たか》い相手《あいて》に合《あ》わせて臨機応変《りんきおうへん》に戦術《せんじゅつ》を変《か》えてくる、戦《せん》りゃく家《か》のクズリが勝利《しょうり》を手《て》にした。

鉄壁《てっぺき》の獣《けもの》 VS最強毒針《さいきょうどくばり》

昆虫界最強《こんちゅうかいさいきょう》の毒針《どくばり》
オオスズメバチ

恐《おそ》れを知《し》らぬ無敵戦車《むてきせんしゃ》
ラーテル

DATA

分類《ぶんるい》 ほ乳類《にゅうるい》・食肉目《しょくにくもく》イタチ科《か》
分布《ぶんぷ》 アフリカ
年代《ねんだい》 現代《げんだい》

DATA

分類《ぶんるい》 昆虫《こんちゅう》・ハチ目《もく》スズメバチ科《か》
分布《ぶんぷ》 東《ひがし》アジア
年代《ねんだい》 現代《げんだい》

危険生物軍《きけんせいぶつぐん》

1回戦《かいせん》では、恐怖《きょうふ》の毒鳥恐竜《どくちょうきょうりゅう》シノルニトサウルスをたおした。2回戦《かいせん》は、毒針《どくばり》を持《も》つ最強昆虫《さいきょうこんちゅう》オオスズメバチとの決戦《けっせん》。必殺《ひっさつ》の爪《つめ》と、かたい装甲《そうこう》、毒《どく》の耐性《たいせい》をいかして勝利《しょうり》をつかみにいく。

体長《たいちょう》 77cm《センチメートル》
体重《たいじゅう》 13kg《キログラム》
肉食《にくしょく》

戦力分析《せんりょくぶんせき》

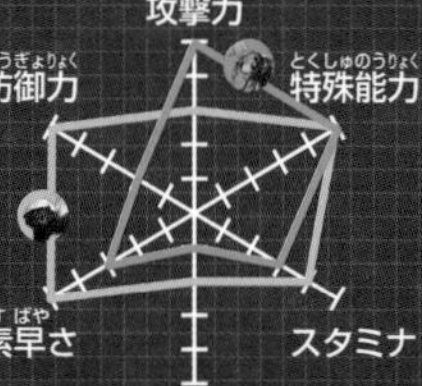

危険生物軍《きけんせいぶつぐん》

1回戦《かいせん》では、圧《あっ》とう的《てき》な体格差《たいかくさ》にもかかわらずメガネウラをたおした。2回戦《かいせん》は、ディフェンス力《りょく》の高《たか》いラーテルが相手《あいて》で、強固《きょうこ》なヨロイに苦戦《くせん》がよそうされる。何度《なんど》でもさせる針《はり》で強敵攻《きょうてきこう》りゃくにいどむ。

体長《たいちょう》 5.5cm《センチメートル》
体重《たいじゅう》 3g《グラム》
肉食《にくしょく》

バトルフィールド
森《もり》

バトルスタート！

シーン1 オオスズメバチがいかくする

オオスズメバチは、戦闘態勢《せんとうたいせい》に入《はい》り、ホバリングで相手《あいて》をいかくする。ラーテルは身《み》がまえて、ようすをうかがっている。

シーン2 オオスズメバチの攻撃本《こうげきほん》のうがかくせい

黒《くろ》い部分《ぶぶん》を本能的《ほんのうてき》に刺《さ》す習性《しゅうせい》を持《も》つオオスズメバチ。ラーテルの黒《くろ》い体《からだ》を見《み》て本能《ほんのう》をしげきされたオオスズメバチが、ラーテルの太《ふと》ももあたりの黒《くろ》い部分《ぶぶん》をさす。

シーン3 ラーテル、怒《いか》りの一撃《いちげき》

なおもしつように攻撃《こうげき》をしかけるオオスズメバチ。ラーテルは、それをすばやく手《て》ではたき落《お》として、一撃《いちげき》でしとめる。ひん死《し》のオオスズメバチをひろって、ちゅうちょなく食《た》べる。

バトル結果《けっか》

ラーテルには毒《どく》の耐性《たいせい》があるため、ラーテルの快勝《かいしょう》となった。オオスズメバチの毒針《どくばり》はきかない。ちなみにハチミツは、ラーテルの大好物《だいこうぶつ》でもある。

TIME
15分《ふん》0秒《びょう》

Battle 22 第2回戦

地球史上最大《ちきゅうしじょうさいだい》の猛《もう》きん類《るい》
ハーストイーグル

空《そら》の王者《おうじゃ》 vs陸《りく》の王者《おうじゃ》

ネコ科《か》最強《さいきょう》ハンター
トラ

DATA

分類《ぶんるい》 鳥類《ちょうるい》・タカ目《もく》タカ科《か》
分布《ぶんぷ》 ニュージーランド
年代《ねんだい》 BC《ビーシー》1500年絶滅《ねんぜつめつ》

DATA

分類《ぶんるい》 ほ乳類《にゅうるい》・食肉目《しょくにくもく》ネコ科《か》
分布《ぶんぷ》 アジア
年代《ねんだい》 現代《げんだい》

恐竜《きょうりゅう》・古生物軍《こせいぶつぐん》

1回戦《かいせん》ではオオアナコンダをたくみな戦術《せんじゅつ》で撃破《げきは》。2回《かい》戦《せん》では陸上最強《りくじょうさいきょう》のハンターであるトラと対戦《たいせん》。おたがいに、いっしゅんのかけ引《ひ》きでえものをとらえるハンターであり、空《そら》と陸《りく》の最強《さいきょう》どうしの決戦《けっせん》がくり広げられる。

翼長《よくちょう》 3m《メートル》
体重《たいじゅう》 10kg《キログラム》
肉食《にくしょく》

戦力分析《せんりょくぶんせき》

危険生物軍《きけんせいぶつぐん》

1回戦《かいせん》ではギガントピテクスを撃破《げきは》。2回戦《かいせん》では、空《そら》のハンターであるハーストイーグルと戦《たたか》う。パワーでは相手《あいて》を上回《うわまわ》るが、高速《こうそく》で空《そら》を飛《と》び回《まわ》るハーストイーグルを、いかにとらえるかが勝負《しょうぶ》の決《き》め手《て》となりそうだ。

体長《たいちょう》 3.7m《メートル》
体重《たいじゅう》 300kg《キログラム》
肉食《にくしょく》

バトルフィールド
森《もり》

バトルスタート！

1 ハーストイーグルが空《そら》からおそいかかる

空中《くうちゅう》をせん回《かい》するハーストイーグル。まだこちらに気《き》づいていないトラを背後《はいご》からおそうため、急《きゅう》こう下《か》する。

2 トラは間一《かんいつ》ぱつ、攻撃《こうげき》をかわす

上空背後《じょうくうはいご》からハーストイーグルに首《くび》をつかまれそうになるトラ。しかし、直前《ちょくぜん》に真上《まうえ》にジャンプして間一《かんいっ》ぱつ攻撃《こうげき》をかわす。ネコ科動物《かどうぶつ》は、ふいに背後《はいご》からおそわれると、真上《まうえ》に高《たか》くジャンプしてにげる習性《しゅうせい》がある。

シーン3 トラ 逆転《ぎゃくてん》して背後《はいご》から攻撃《こうげき》

Winner!

勝者《しょうしゃ》 危険生物軍《きけんせいぶつぐん》 **トラ**

空《そら》からの攻撃《こうげき》をかわしたトラは、ほぼ同《どう》時《じ》に反射的《はんしゃてき》にハーストイーグルを背中《せなか》からおそう。その直後《ちょくご》に相手《あいて》を地面《じめん》におさえつけ、頭《あたま》をかんで絶命《ぜつめい》させる。

TIME
1分《ふん》0秒《びょう》

バトル結果《けっか》

空《そら》と陸《りく》の生《う》まれながらのハンターどうしの対決《たいけつ》は、まさにしゅん間《かん》のかけ引《ひ》きによって、トラに軍配《ぐんばい》が上《あ》がった。武士《ぶし》の居合《いあ》いのようないっしゅんの勝負《しょうぶ》であった。

一点突破《いってんとつぱ》の猛牛《もうぎゅう》 vs 現生最強《げんせいさいきょう》の巨獣《きょじゅう》

雪原《せつげん》の特《とっ》こう隊長《たいちょう》 ジャコウウシ

DATA

分類《ぶんるい》 ほ乳類《にゅうるい》・偶蹄目《ぐうていもく》ウシ科《か》
分布《ぶんぷ》 ユーラシア・北米《ほくべい》
年代《ねんだい》 現代《げんだい》

陸《りく》の破壊王《はかいおう》 アフリカゾウ

DATA

分類《ぶんるい》 ほ乳類《にゅうるい》・長鼻目《ちょうびもく》ゾウ科《か》
分布《ぶんぷ》 アフリカ
年代《ねんだい》 現代《げんだい》

危険生物軍《きけんせいぶつぐん》

1回戦《かいせん》では頭《ず》つき対決《たいけつ》でパキケファロサウルスをたおした。2回戦《かいせん》では、地上最強《ちじょうさいきょう》の破《は》かい王《おう》であるアフリカゾウと対戦《たいせん》。必殺技《ひっさつわざ》の助走《じょそう》からの頭《ず》つき攻撃《こうげき》が、どこまで通用《つうよう》するかが勝負《しょうぶ》の分《わ》かれ目《め》と言《い》えるだろう。

体長《たいちょう》 3m《メートル》
体重《たいじゅう》 500kg《キログラム》
草食《そうしょく》

戦力分析《せんりょくぶんせき》

危険生物軍《きけんせいぶつぐん》

1回戦《かいせん》では、巨大《きょだい》なサイのそせんであるブロントテリウムをたおした最強生物《さいきょうせいぶつ》。2回戦《かいせん》の相手《あいて》は、とっ進力《しんりょく》を武器《ぶき》とするジャコウウシ。体格差《たいかくさ》はあり、パワーでは圧《あっ》とうするが、しゅん発力《ぱつりょく》や機動力《きどうりょく》は相手《あいて》が勝《まさ》り、ゆだんはできない。

体長《たいちょう》 7m《メートル》
体重《たいじゅう》 8t《トン》
草食《そうしょく》

バトルフィールド
草原《そうげん》
シー
1
ジャコウウシが
とっ進《しん》する
LIFE
LIFE
ジャコウウシとアフリカゾウが向《む》かい合《あ》う。ジャコウウシは助走《じょそう》して相手《あいて》に向《む》かってとっ進《しん》していく。
バトルスタート！
LIFE
ジャコウウシのしつこい体当《たいあ》たりを、足《あし》や正面《しょうめん》の頭《あたま》で受《う》けてたえるアフリカゾウ。はげしい攻撃《こうげき》にゾウも攻《せ》めあぐんでいる。
LIFE
シー
2
ジャコウウシの
しつこい攻撃《こうげき》

シーン3 アフリカゾウ、ついに反撃《はんげき》

Winner!

勝《しょう》者《しゃ》 危険生物軍《きけんせいぶつぐん》 アフリカゾウ

知能《ちのう》の高《たか》いゾウは、ジャコウウシの体当《たいあ》たりのタイミングを見計《みはか》らい、ついに牙《きば》をつき立《た》てる。自《みずか》らのいきおいで、ゾウのするどい牙《きば》がつき刺《さ》さり、ジャコウウシは絶命《ぜつめい》する。

TIME
25分《ふん》0秒《びょう》

バトル結果《けっか》

ジャコウウシの猛攻《もうこう》に苦戦《くせん》したアフリカゾウであったが、機《き》転《てん》を利《き》かせた起死回生《きしかいせい》の一撃《いちげき》によって、勝利《しょうり》をつかみとった。

むさぼる獣《けもの》 VS 勇《いさ》ましき鳥《とり》

すべてをかみくだく肉食獣《にくしょくじゅう》 ヒアエノドン

DATA

分類《ぶんるい》 ほ乳類《にゅうるい》・肉歯目《にくしもく》ヒアエノドン科《か》
分布《ぶんぷ》 現《げん》アフリカ～ユーラシア～北米《ほくべい》
年代《ねんだい》 新生代《しんせいだい》・古第三紀《こだいさんき》

鳥類一《ちょうるいいち》のあばれんぼう キジ

DATA

分類《ぶんるい》 鳥類《ちょうるい》・キジ目《もく》キジ科《か》
分布《ぶんぷ》 日本《にほん》
年代《ねんだい》 現代《げんだい》

恐竜《きょうりゅう》・古生物軍《こせいぶつぐん》

1回戦《かいせん》では、体格差《たいかくさ》をものともせずカバを撃破《げきは》した。2回戦《かいせん》は、自分《じぶん》よりも体《からだ》が小《ちい》さく、機敏《きびん》に動《うご》き回《まわ》るキジを相手《あいて》にする。すばやく動《うご》くのが苦手《にがて》なため、やりづらい相手《あいて》となるだろう。

戦力分析《せんりょくぶんせき》

危険生物軍《きけんせいぶつぐん》

1回戦《かいせん》では、始祖鳥《しそちょう》アーケオプテリクスをたおした。2回戦《かいせん》の相手《あいて》は、かむ力《ちから》が強《つよ》いヒアエノドンで、つかまればひとたまりもない。闘志《とうし》をむき出《だ》しに、クチバシと“けり”によるすばやいコンビネーション攻撃《こうげき》でいどむ。

体長《たいちょう》 3m《メートル》
体重《たいじゅう》 500kg《キログラム》
肉食《にくしょく》

体長《たいちょう》 80cm《センチメートル》
体重《たいじゅう》 1kg《キログラム》
肉食《にくしょく》

バトルフィールド
平原《へいげん》

バトルスタート！

シーン1 キジが鳴《な》き声《ごえ》でちょう発《はつ》

キジがヒアエノドンのまわりを遠《とお》まきに「ケーン、ケーン」と鳴《な》き強気《つよき》のちょう発《はつ》をする。

シーン2 キジの闘争心《とうそうしん》に火《ひ》がつく

赤《あか》い色《いろ》を見《み》ると本能的《ほんのうてき》に攻撃《こうげき》してしまうキジ（オス）。大《おお》きな口《くち》を開《あ》けたヒアエノドンの口《くち》の中《なか》の赤《あか》い色《いろ》に反応《はんのう》し、一直線《いっちょくせん》につっこんでいく。

シー 3 ヒアエノドン キジをおさえつける

Winner!

勝《しょう》者《しゃ》 恐竜《きょうりゅう》・古《こ》生物軍《せいぶつぐん》 ヒアエノドン

とびこんできたキジを、ヒアエノドンがおさえつけ、かみ殺《ころ》す。

TIME
15分《ふん》0秒《びょう》

バトル結果《けっか》

赤《あか》い色《いろ》に思《おも》わずはんのうしてしまうキジの特性《とくせい》をいかして、ヒアエノドンがチャンスをものにした。体格差《たいかくさ》、パワー差《さ》は歴然《れきぜん》で、ヒアエノドンの圧勝《あっしょう》となった。

エキシビジョン Exhibition 02

幻《げん》獣《じゅう》「イエティ(雪男《ゆきおとこ》)」のモデルされるギガントピテクスは、パワーに定評《ていひょう》あり。温和《おんわ》そうなジャイアントパンダも、ユキヒョウなどの天敵《てんてき》と戦《たたか》うときは、クマと同《おな》じ攻撃《こうげき》を展開《てんかい》する。

DATA

分類《ぶんるい》 ほ乳類《にゅうるい》・霊長目《れいちょうもく》ヒト科《か》
分布《ぶんぷ》 アジア
年代《ねんだい》 新生代《しんせいだい》・第四紀《だいよんき》

史上最大《しじょうさいだい》の霊長類《れいちょうるい》
ギガントピテクス

DATA

分類《ぶんるい》 ほ乳類《にゅうるい》・食肉目《しょくにくもく》クマ科《か》
分布《ぶんぷ》 アジア
年代《ねんだい》 現代《げんだい》

珍獣王《ちんじゅうおう》
ジャイアントパンダ

珍獣王決戦《ちんじゅうおうけっせん》！ 史上最大《しじょうさいだい》の霊長類《れいちょうるい》vs珍獣王《ちんじゅうおう》

体長《たいちょう》 3m《メートル》
体重《たいじゅう》 500kg《キログラム》
草食《そうしょく》

体長《たいちょう》 1.5m《メートル》
体重《たいじゅう》 100kg《キログラム》
草食《そうしょく》

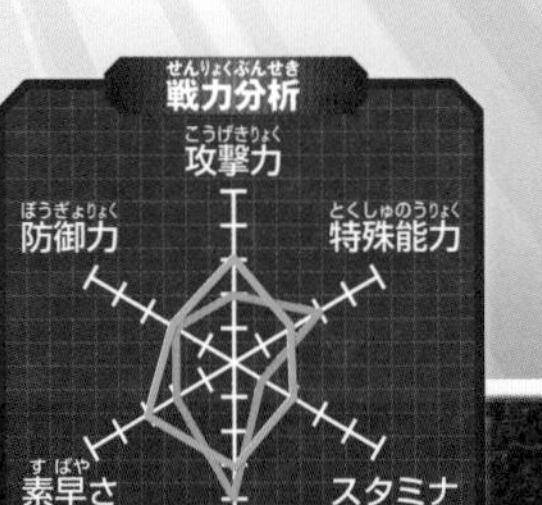

バトルフィールド

寒冷地《かんれいち》の竹林《ちくりん》

シーン1

雪《ゆき》が残《のこ》る竹林《ちくりん》ではち合《あ》わせになった二頭《にとう》は、おたがいのようすをうかがい、きんちょうのにらみ合《あ》いがつづく。武器《ぶき》は持《も》たないため、肉弾戦《にくだんせん》の様相《ようそう》だ。

シーン2

ギガントピテクスは、大《おお》きな重低音《じゅうていおん》の声《こえ》でパンダをいかくする。ジャイアントパンダもうなり声《ごえ》をあげて、ひるまずギガントピテクスに牙《きば》をむく。

シーン3

ジャイアントパンダがゴロンと回転《かいてん》して、ギガントピテクスのふところに入《はい》り、ネコパンチを一発《いっぱつ》おみまい！　ギガントピテクスはおどろいて退散《たいさん》する。

TIME

15分《ふん》00秒《びょう》

バトル結果《けっか》

おたがいに戦《せん》とう向《む》きではなく戦《たたか》い方《かた》も洗練《せんれん》されていないが、いざというとき戦闘《せんとう》モードに入《はい》る。今回《こんかい》はジャイアントパンダの奇襲《きしゅう》が成功《せいこう》する形《かたち》となった。

Winner!

勝者《しょうしゃ》　ジャイアントパンダ

動物《どうぶつ》たちの戦《たたか》い方《かた》

写真：Bjørn Christian Tørrissen

ネッキングをするキリン。

戦《たたか》いで相手《あいて》を殺《ころ》さないように進化《しんか》してきた

同《おな》じ種《しゅ》どうしの戦《たたか》いにはさまざまなものがあります。その起源《きげん》はなぞですが、不思議《ふしぎ》なルールが長《なが》い年月《ねんげつ》でできあがり儀式化《ぎしきか》されて、スポーツ競技《きょうぎ》のように行動《こうどう》が進化《しんか》していきます。

シカは結婚相手《けっこんあいて》のメスをめぐって、オスどうしが決闘《けっとう》をします。おたがいのツノをつき合《あ》わせて、押《お》しずもうのように組《く》み合《あ》います。するどいツノで相手《あいて》の腹《はら》をさしたりはしません。

キリンは長《なが》い首《くび》をうでずもうのようにして相手《あいて》をねじふせようとします。それで決着《けっちゃく》がつかないと、ハンマー投《な》げのように首《くび》をふり回《まわ》してツノを相手《あいて》にぶつけ合《あ》います（ネッキング行動《こうどう》）。

オスどうしの戦《たたか》いが絶《た》えないライオンは、たてがみが進化《しんか》し急所《きゅうしょ》を守《まも》る。

ネコ科動物《かどうぶつ》は狩《か》りが洗練《せんれん》されていて、相手《あいて》の急所《きゅうしょ》をねらいます。ライオンは、オスどうしのちょっとした争《あらそ》いでも、すぐに急所《きゅうしょ》の首《くび》やノドにかみつこうとするので、同《おな》じ種類《しゅるい》どうしの戦《たたか》いで命《いのち》を落《お》とさないために、たてがみが進化《しんか》したと考《かんが》えられています。

格闘技《かくとうぎ》ではない才能《さいのう》で勝負《しょうぶ》する動物《どうぶつ》

動物《どうぶつ》たちの戦《たたか》いは、相手《あいて》を殺《ころ》す目的《もくてき》ではないにしろ、こうふんして勢《いきお》いあまって相手《あいて》を事故死《じこし》させてしまうことがよくあります。そこで戦《たたか》いを格闘技《かくとうぎ》ではなく、アスリートやアーティストとしての才能《さいのう》で勝負《しょうぶ》する形《かたち》に変化《へんか》させたものもいます。

ムササビのオスの戦《たたか》いは、木登《きのぼ》り競争《きょうそう》で勝敗《しょうはい》を決《き》めます。カエルは大声《おおごえ》バトルで声《こえ》が大《おお》きい方《ほう》が勝《か》ち。小鳥《ことり》のニワシドリの仲間《なかま》は、色《いろ》とりどりの花《はな》びらや小枝《こえだ》を集《あつ》めて巨大《きょだい》な芸術作品《げいじゅつさくひん》を作《つく》って争《あらそ》います。いずれも〝戦《たたか》い〟の審判《しんぱん》はメスになります。

Battle《バトル》

25 → 32

3回戦《かいせん》

DATA

分類《ぶんるい》 は虫類《ちゅうるい》・竜盤目《りゅうばんもく》ティラノサウルス科《か》
分布《ぶんぷ》 ローラシア大陸《たいりく》からゴンドワナ大陸《たいりく》
年代《ねんだい》 中生代《ちゅうせいだい》・白亜紀後期《はくあきこうき》

恐竜界《きょうりゅうかい》の暴君《ぼうくん》
ティラノサウルス

恐竜王《きょうりゅうおう》 VS最強特攻獣《さいきょうとっこうじゅう》

レジェンド

恐竜《きょうりゅう》・古生物軍《こせいぶつぐん》

巨《きょ》大《だい》な頭《あたま》を持《も》ち、二足歩行《にそくほこう》で移動《いどう》する最強《さいきょう》の肉食恐竜《にくしょくきょうりゅう》。速《はや》く動《うご》き回《まわ》ったり、長時間《ちょうじかん》動《うご》いたりすることは苦手《にがて》だが、つかまえたえものは、するどい牙《きば》で骨《ほね》までくだく恐《おそ》るべきパワーを持《も》つ。

体長《たいちょう》 13 m《メートル》
体重《たいじゅう》 9 t《トン》
肉食《にくしょく》

体長《たいちょう》 2.5 m《メートル》
体重《たいじゅう》 450 kg《キログラム》
肉食《にくしょく》

ほ乳類最狂《にゅうるいさいきょう》の荒《あら》くれ者《もの》

ヒグマ

DATA

分類《ぶんるい》 ほ乳類《にゅうるい》・食肉目《しょくにくもく》クマ科《か》

分布《ぶんぷ》 ユーラシア・北米《ほくべい》

年代《ねんだい》 現代《げんだい》

危険生物軍《きけんせいぶつぐん》

戦力分析《せんりょくぶんせき》

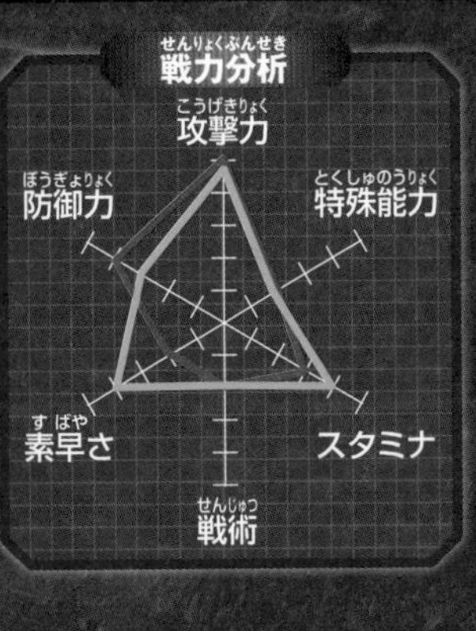

1回戦《かいせん》、2回戦《かいせん》と圧《あっ》とう的《てき》なはかい力《りょく》で相手《あいて》を下《くだ》してきた。3回戦《かいせん》の相手《あいて》は優勝《ゆうしょう》こうほの一《いっ》匹《ぴき》でもあるティラノサウルス。体格差《たいかくさ》も大《おお》きいが、持《も》ち前《まえ》のメンタルの強《つよ》さでひるむことなくとっ進《しん》していく。

バトルフィールド

森《もり》

バトルスタート！

シーン1 ヒグマのしつこいかみつき攻撃《こうげき》！

俊足《しゅんそく》さでは相手《あいて》を上回《うわまわ》るヒグマは、ティラノサウルスのふところに入りこみ、短《みじか》い前足《まえあし》にかみついてはなさない。前足《まえあし》はティラノサウルスの弱点《じゃくてん》だ。

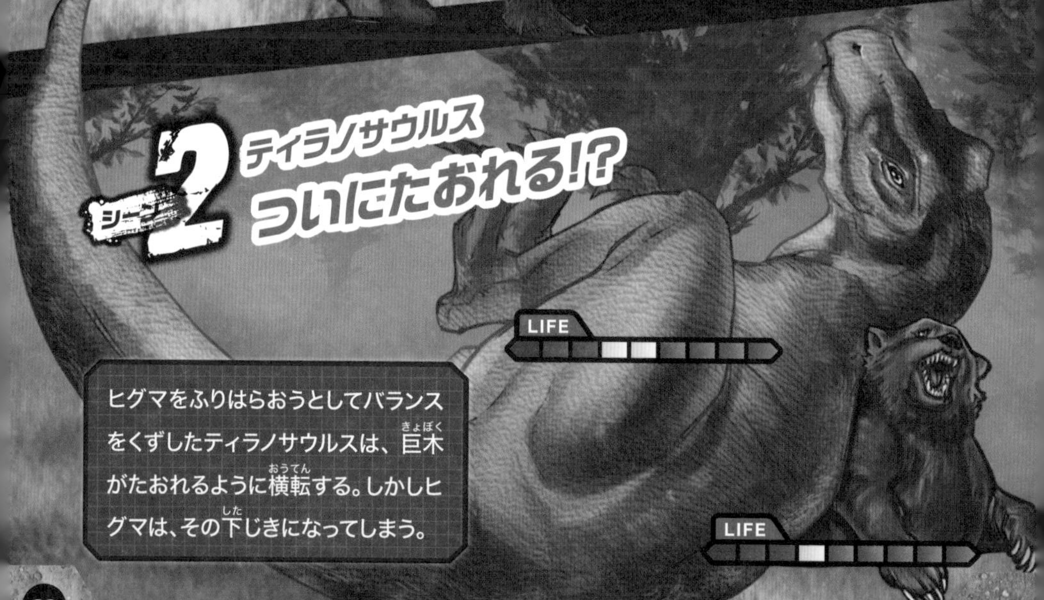

シーン2 ティラノサウルスついにたおれる!?

ヒグマをふりはらおうとしてバランスをくずしたティラノサウルスは、巨木《きょぼく》がたおれるように横転《おうてん》する。しかしヒグマは、その下《した》じきになってしまう。

シー 3 ティラノサウルス 反撃開始《はんげきかいし》！

9t《トン》の体重《たいじゅう》の下《した》じきになったヒグマは重傷《じゅうしょう》を負《お》う。ゆうぜんと立《た》ち上《あ》がったティラノサウルスは、後《うし》ろ足《あし》で弱《よわ》ったヒグマをおさえつけ、ガブリとかみつき、ヒグマは絶命《ぜつめい》する。

Winner!

勝者《しょうしゃ》 恐竜《きょうりゅう》・古生物軍《こせいぶつぐん》 ティラノサウルス

バトル結果《けっか》

ヒグマも善戦《ぜんせん》し、ティラノサウルスに大《おお》きな傷《きず》を負《お》わせた。しかし、ティラノサウルスは、巨体《きょたい》をいかした攻撃《こうげき》によって、逆転勝利《ぎゃくてんしょうり》をつかんだ。

TIME
13分《ふん》0秒《びょう》

水陸両用《すいりくりょうよう》の肉食恐竜《にくしょくきょうりゅう》

スピノサウルス

DATA

分類《ぶんるい》 は虫類《ちゅうるい》・竜盤目《りゅうばんもく》
スピノサウルス科《か》

分布《ぶんぷ》 現《げん》アフリカ

年代《ねんだい》 中生代《ちゅうせいだい》・白亜紀前期《はくあきぜんき》

レジェンド

恐竜《きょうりゅう》・古生物軍《こせいぶつぐん》

ワニのような口《くち》、水《みず》かきのある手《て》、平《ひら》たい尾《お》を持《も》つ。水辺《みずべ》に生息《せいそく》して、水中《すいちゅう》でも陸上《りくじょう》でも俊敏《しゅんびん》にえものをつかまえる。一度《いちど》えものをとらえたら、決《けっ》してはなさない構造《こうぞう》のするどいギザギザの牙《きば》を持《も》つ。

体長《たいちょう》 15m《メートル》
体重《たいじゅう》 6t《トン》
肉食《にくしょく》

体長《たいちょう》 4m《メートル》
体重《たいじゅう》 6kg《キログラム》
肉食《にくしょく》

水棲最強恐竜《すいせいさいきょうきょうりゅう》 vs現生最恐《げんせいさいきょう》の毒蛇《どくへび》

DATA

分類《ぶんるい》 は虫類《ちゅうるい》・有鱗目《ゆうりんもく》コブラ科《か》
分布《ぶんぷ》 東南《とうなん》アジア
年代《ねんだい》 現代《げんだい》

蛇界《へびかい》の王《おう》
キングコブラ

戦力分析《せんりょくぶんせき》

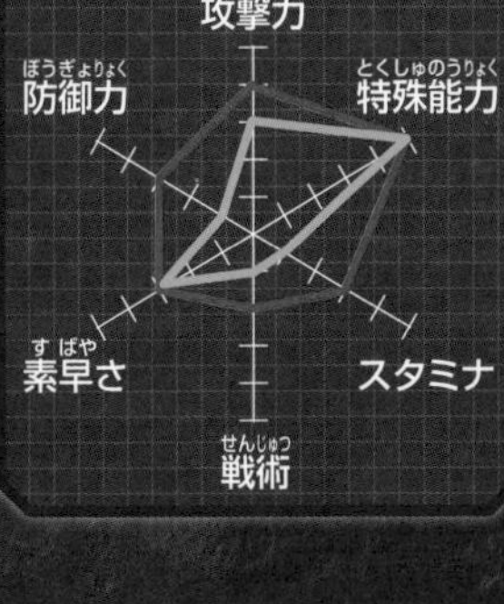

危険生物軍《きけんせいぶつぐん》

1回戦《かいせん》、2回戦《かいせん》と、巨大《きょだい》な相手《あいて》を、毒《どく》をもって制《せい》してきた最恐《さいきょう》の毒蛇《どくへび》。3回戦《かいせん》は、巨大《きょだい》でありながら水陸両用《すいりくりょうよう》の高《たか》い機動性《きどうせい》をほこるスピノサウルス。キングコブラも泳《およ》ぎが得意《とくい》。決戦《けっせん》の場《ば》をどこにするのかも見《み》ものだ。

バトルスタート！

キングコブラは、陸《りく》から水中《すいちゅう》にとびこみ、水面《すいめん》を泳《およ》いでにげる。4m《メートル》のキングコブラを、15m《メートル》の巨大《きょだい》なスピノサウルスが追《お》いかけていく。

LIFE

バトルフィールド

水中《すいちゅう》

シーン1 キングコブラが泳《およ》いでにげる

LIFE

追《お》いつめられたキングコブラが、反撃《はんげき》にうつり、スピノサウルスの顔《かお》にかみつく。巨大《きょだい》な恐竜《きょうりゅう》は激《はげ》しくいたがり、そのすきを見《み》てキングコブラはにげる。

LIFE

LIFE

シーン2 キングコブラがかみついて毒《どく》を注入《ちゅうにゅう》

シーン3 キングコブラピンチにおちいるが…

Winner!

勝者《しょうしゃ》 危険生物軍《きけんせいぶつぐん》 キングコブラ

にげるキングコブラを泳《およ》いで追《お》いかけるスピノサウルス。しかし、しだいに体《からだ》じゅうに毒《どく》が回《まわ》ってすい弱《じゃく》していき、スピノサウルスは水中《すいちゅう》にしずんで絶命《ぜつめい》する。そのようすを水面《すいめん》のキングコブラはじっと見《み》つめている。

TIME 23分《ふん》0秒《びょう》

バトル結果《けっか》

泳《およ》ぎがとくいな者《もの》どうしの水中《すいちゅう》での決戦《けっせん》となった今回《こんかい》の戦《たたか》いでは、いっしゅんのすきをついて、巨大《きょだい》な相手《あいて》にカウンター攻撃《こうげき》を決《き》めたキングコブラの作戦《さくせん》勝《が》ちという結果《けっか》に終《お》わった。

DATA

分類《ぶんるい》 は虫類《ちゅうるい》・竜盤目《りゅうばんもく》
ブラキオサウルス科《か》
分布《ぶんぷ》 現北米《げんほくべい》
年代《ねんだい》 中生代《ちゅうせいだい》・白亜紀末期《はくあきまっき》

巨大草食恐竜《きょだいそうしょくきょうりゅう》

ブラキオサウルス

ジュラ紀《き》の巨大獣《きょだいじゅう》 vs新生代《しんせいだい》の巨大獣《きょだいじゅう》

レジェンド

恐竜《きょうりゅう》・古生物軍《こせいぶつぐん》

最《さい》長約《ちょうやく》16m《メートル》もある長《なが》い首《くび》を持《も》ち、オスはこの首《くび》をぶつけ合《あ》う「ネッキング」をして、なわばり争《あらそ》いをする。長《なが》い尾《お》をムチのようにしてくり出《だ》す一撃《いちげき》は、肉食恐竜《にくしょくきょうりゅう》もそく死《し》するほどのいりょく。分厚《ぶあつ》い皮《ひ》ふを持《も》ち、ディフェンス力《りょく》も高《たか》い。

体長《たいちょう》 25m《メートル》
体重《たいじゅう》 80t《トン》
草食《そうしょく》

体長《たいちょう》 8m《メートル》
体重《たいじゅう》 30t《トン》
草食《そうしょく》

地球史上最大級《ちきゅうしじょうさいだいきゅう》ほ乳類《にゅうるい》

インドリコテリウム

DATA

分類《ぶんるい》 ほ乳類《にゅうるい》・奇蹄目《きていもく》ヒラコドン科《か》
分布《ぶんぷ》 ユーラシア
年代《ねんだい》 新生代《しんせいだい》・古第三紀《こだいさんき》

戦力分析《せんりょくぶんせき》

恐竜《きょうりゅう》・古生物軍《こせいぶつぐん》

1回戦《かいせん》ではライオン、2回戦《かいせん》ではクロサイと、サバンナの危険生物《きけんせいぶつ》をたおしてきた巨大《きょだい》ほ乳《にゅう》類《るい》。3回戦《かいせん》では、自分《じぶん》の体格《たいかく》をさらに上回《うわまわ》る、巨《きょ》大草食恐竜《だいそうしょくきょうりゅう》のブラキオサウルスとの決戦《けっせん》。重量級《じゅうりょうきゅう》どうしがぶつかり合《あ》う!

バトルフィールド
森《もり》

バトルスタート！

シーン1 ブラキオサウルス いかくのかまえ

ブラキオサウルスが、尾《お》を高《たか》く上《あ》げ、いかくのしせいでにらむ。インドリコテリウムもそれにこたえる。首《くび》・尾《お》をのぞけば、大《おお》きな体《たい》格差《かくさ》には見《み》えない。

シーン2 インドリコテリウムの猛《もう》とつ進《しん》！

インドリコテリウムがブラキオサウルスにとっ進《しん》。接近《せっきん》すると両者《りょうしゃ》は立《た》ち上《あ》がり、むねとむねをぶつけながら、すもうのように組《く》み合《あ》い、おたがいをかもうとする。

シー3 ブラキオサウルス、弱点《じゃくてん》をつかれる!?

Winner!

勝《しょう》者《しゃ》 恐竜《きょうりゅう》・古《こ》生物軍《せいぶつぐん》 インドリコテリウム

インドリコテリウムは相手《あいて》の前足《まえあし》を持《も》ち上《あ》げる。ブラキオサウルスはバランスをくずしてはげしく転《てん》とう。インドリコテリウムに地《じ》面《めん》にねじふせられたブラキオサウルスは、戦意《せんい》そうしつしてゆっくり逃《に》げていく。

バトル結果《けっか》

体《からだ》が大《おお》きいブラキオサウルスは、動《うご》きがにぶく、バランスをくずしやすい。また、その重《おも》さゆえに、転《てん》とうすると自分《じぶん》の体重《たいじゅう》によって内臓《ないぞう》や骨格《こっかく》に大《おお》きなダメージがおよぶ。その弱《じゃく》点《てん》をついたインドリコテリウムが勝利《しょうり》を手《て》にした。

TIME
7分《ふん》0秒《びょう》

殺《さつ》りくマシーンvs忍者《にんじゃ》

最強《さいきょう》武闘派《ぶとうは》恐竜《きょうりゅう》
ディノニクス

DATA

分類《ぶんるい》	は虫類《ちゅうるい》・竜盤目《りゅうばんもく》 ドロマエオサウルス科《か》
分布《ぶんぷ》	現北米《げんほくべい》
年代《ねんだい》	中生代《ちゅうせいだい》・白亜紀前期《はくあきぜんき》

恐竜《きょうりゅう》・古生物軍《こせいぶつぐん》

温《おん》血《けつ》や羽毛《うもう》を持《も》っていた可能性《かのうせい》があり、すばやい動《うご》きが連続《れんぞく》して可能《かのう》だ。小型《こがた》で俊敏《しゅんびん》、かむ力《ちから》も強《つよ》く、足《あし》の爪《つめ》が武器《ぶき》。特《とく》に、後《うし》ろ足《あし》には、サバイバルナイフのようなするどい爪《つめ》がついていて、強《きょう》れつなけりをくり出《だ》す。

体長《たいちょう》 3.5 m《メートル》
体重《たいじゅう》 100 kg《キログラム》
肉食《にくしょく》

体長《たいちょう》 1 m《メートル》
体重《たいじゅう》 25 kg《キログラム》
肉食《にくしょく》

小《ちい》さな殺《ころ》し屋《や》

クズリ

DATA

分類《ぶんるい》 ほ乳類《にゅうるい》・食肉目《しょくにくもく》イタチ科《か》
分布《ぶんぷ》 ユーラシア・北米《ほくべい》
年代《ねんだい》 現代《げんだい》

戦力分析《せんりょくぶんせき》

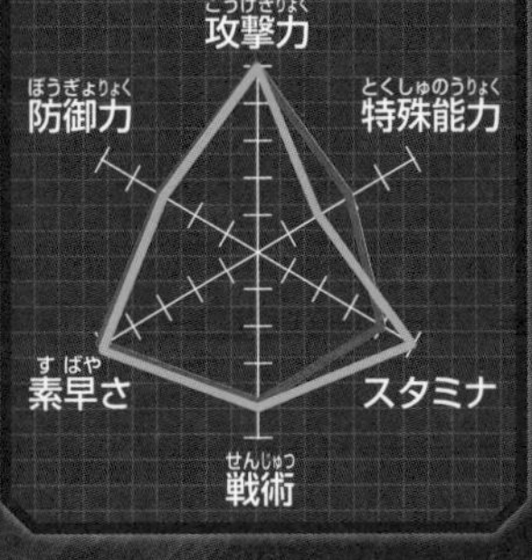

危《き》険生物軍《けんせいぶつぐん》

1回戦《かいせん》、2回戦《かいせん》と鳥系《とりけい》の恐竜《きょうりゅう》たちをとくいの戦《せん》術《じゅつ》でなぎたおしてきた。3回戦《かいせん》は、とてもすばやく、天性《てんせい》の攻撃力《こうげきりょく》をほこる、頭《ず》のう派《は》恐竜《きょうりゅう》のデイノニクスだ。戦《せん》りゃく的《てき》な戦《せん》とうスタイルもにていて、最大《さいだい》のライバルといえるかもしれない。

Battle 28 第3回戦

バトルフィールド
森《もり》

バトルスタート！

戦術《せんじゅつ》を学習《がくしゅう》していくクズリは、２回戦《かいせん》のオルニトミムスに体格《たいかく》がにているデイノニクスに対《たい》して、前回同様《ぜんかいどうよう》、足《あし》の腱《けん》の切《せつ》だんをこころみるが、強《きょう》れつなけりをくらい大《おお》ケガをする。

命《いのち》からがら木《き》の上《うえ》ににげこみ、かくれるクズリ。デイノニクスはクズリを見《み》うしない、血《ち》まなこで探《さが》す。

シーン3 クズリが空《そら》から反撃《はんげき》！

Winner!

勝者《しょうしゃ》 危険生物軍《きけんせいぶつぐん》 クズリ

ふいに木《き》からとびおりるクズリ。クズリをそうさく中《ちゅう》のデイノニクスの真上《まうえ》から頭《あたま》にとびかかり、えんずいをかみくだいて絶命《ぜつめい》させる。

TIME
8分《ふん》0秒《びょう》

バトル結果《けっか》

俊敏《しゅんびん》さ、攻撃力《こうげきりょく》、パワーとすべてが上回《うわまわ》るデイノニクス。それに対《たい》して、クズリは身《み》をかくして、相手《あいて》の急所《きゅうしょ》をねらって一撃《いちげき》で勝負《しょうぶ》を決《き》めた。まるで、忍者《にんじゃ》の暗殺《あんさつ》のような見事《みごと》な決《き》まり手《て》であった。

巨大《きょだい》な牙《きば》 VS無敵《むてき》の装甲《そうこう》

恐《おそ》るべき巨大牙《きょだいきば》
スミロドン

DATA

分類《ぶんるい》 ほ乳類《にゅうるい》・食肉目《しょくにくもく》ネコ科《か》
分布《ぶんぶ》 現《げん》 南北《なんぼく》アメリカ大陸《たいりく》
年代《ねんだい》 新生代《しんせいだい》・更新世《こうしんせい》

レジェンド

恐竜《きょうりゅう》・古生物軍《こせいぶつぐん》

大《おお》きな牙《きば》を持《も》った“サーベルタイガー”の中《なか》でも、南米《なんべい》に進出《しんしゅつ》した最《もっと》も大《おお》きな種《しゅ》。大《おお》きく口《くち》を開《ひら》いて、20cm《センチメートル》を超《こ》える巨大《きょだい》な牙《きば》で相手《あいて》の首《くび》や腹《はら》などの急所《きゅうしょ》をかみ、致命傷《ちめいしょう》をあたえていたと考《かんが》えられている。その殺傷能力《さっしょうのうりょく》は絶大《ぜつだい》だ。

体長《たいちょう》 2ｍ《メートル》
体重《たいじゅう》 340kg《キログラム》
肉食《にくしょく》

体長《たいちょう》 77cm《センチメートル》
体重《たいじゅう》 13kg《キログラム》
肉食《にくしょく》

DATA

分類《ぶんるい》 ほ乳類《にゅうるい》・食肉目《しょくにくもく》イタチ科《か》

分布《ぶんぷ》 アフリカ

年代《ねんだい》 現代《げんだい》

恐《おそ》れを知《し》らぬ無敵戦車《むてきせんしゃ》

ラーテル

戦力分析《せんりょくぶんせき》

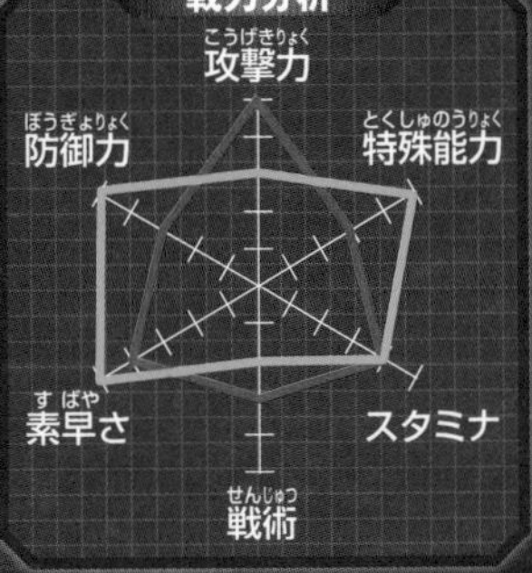

危険生物軍《きけんせいぶつぐん》

1回戦《かいせん》、2回戦《かいせん》ともに毒《どく》に対《たい》する耐性《たいせい》をいかして、毒《どく》を持《も》つ敵《てき》をたおしてきた。3回戦《かいせん》の相《あい》手《て》は、巨大《きょだい》な牙《きば》を持《も》つ、スミロドンだ。背中《せなか》の装《そう》甲《こう》が巨大《きょだい》な牙《きば》にどこまで通用《つうよう》するかが見《み》もの。いざ新生代《しんせいだい》のトラにいどむ。

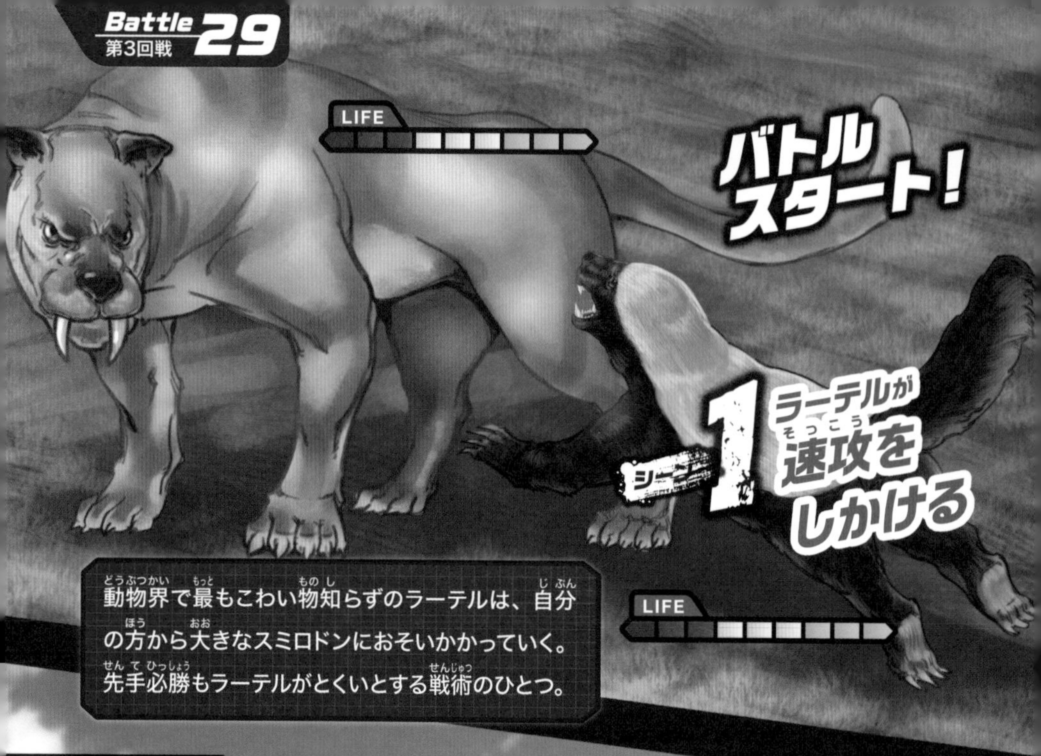

シーン1 ラーテルが速攻《そっこう》をしかける

動物界《どうぶつかい》で最《もっと》もこわい物知《ものし》らずのラーテルは、自分《じぶん》の方《ほう》から大《おお》きなスミロドンにおそいかかっていく。先手必勝《せんてひっしょう》もラーテルがとくいとする戦術《せんじゅつ》のひとつ。

バトルフィールド
森《もり》

シーン2 スミロドンが相手《あいて》の体《からだ》をひっくり返《かえ》す

スミロドンは長《なが》い牙《きば》や手《て》を上手《じょうず》に使《つか》って、ラーテルをあお向《む》けにひっくり返《かえ》す。実際《じっさい》に、ネコ科《か》の動物《どうぶつ》はトゲや装甲《そうこう》があつい動物《どうぶつ》を食《た》べるとき、えものの腹《はら》がわを上《うえ》にひっくり返《かえ》してかみ殺《ころ》す。

シーン3 スミロドン、必殺《ひっさつ》の長《なが》い牙《きば》

スミロドンは、すかさず長《なが》い犬《けん》歯《し》を、ラーテルの肉《にく》のうすい腹《はら》につきさして絶命《ぜつめい》させる。

バトル結果《けっか》

スミロドンは、いきおいよくとびこんできたラーテルを、すばやくひっくり返《かえ》して無力化《むりょくか》し、弱点《じゃくてん》の腹部《ふくぶ》をせめてしとめた。装甲《そうこう》のあつい動物《どうぶつ》をたおす方法《ほうほう》を知《し》っていたスミロドンが勝利《しょうり》を手《て》にした。

牙《きば》のあるトカゲ vsネコ科《か》最強《さいきょう》の牙《きば》

古生代《こせいだい》の猛獣《もうじゅう》 ディメトロドン

DATA

分類《ぶんるい》 単弓類《たんきゅうるい》・盤竜目《ばんりゅうもく》
スフェナコドン科《か》
分布《ぶんぷ》 現北米《げんほくべい》
年代《ねんだい》 古生代《こせいだい》・ペルム紀前期《きぜんき》

恐竜《きょうりゅう》・古生物軍《こせいぶつぐん》

背板《はいばん》（背中《せなか》にある板《いた》）で吸熱《きゅうねつ》・排熱《はいねつ》が可能《かのう》で、短時間《たんじかん》で恒温動物《こうおんどうぶつ》なみに生理活動《せいりかつどう》を行《おこな》える。動《うご》きがすばやく、小動物《しょうどうぶつ》（トカゲ類《るい》）を捕食《ほしょく》することができる。殺《ころ》すための牙《きば》（犬歯《けんし》）をはじめてかくとくしたは虫類《ちゅうるい》だ。

体長《たいちょう》 3m《メートル》
体重《たいじゅう》 300kg《キログラム》
肉食《にくしょく》

体長《たいちょう》 3.7m《メートル》
体重《たいじゅう》 300kg《キログラム》
肉食《にくしょく》

ネコ科《か》最強《さいきょう》ハンター

トラ

DATA

分類《ぶんるい》 ほ乳類《にゅうるい》・食肉目《しょくにくもく》ネコ科《か》
分布《ぶんぷ》 アジア
年代《ねんだい》 現代《げんだい》

危険生物軍《きけんせいぶつぐん》

1回戦《かいせん》では陸上生物《りくじょうせいぶつ》のギガントピテクスを、2回戦《かいせん》では空《そら》を飛《と》ぶハーストイーグルを撃破《げきは》してきた。3回戦《かいせん》は水辺《みずべ》にすんでいたとされるディメトロドンとの戦《たたか》い。ネコ科《か》の動物《どうぶつ》は一般的《いっぱんてき》に水《みず》が苦手《にがて》だが、トラは泳《およ》ぐことができ、水《みず》への苦手意識《にがていしき》はない。

戦力分析《せんりょくぶんせき》

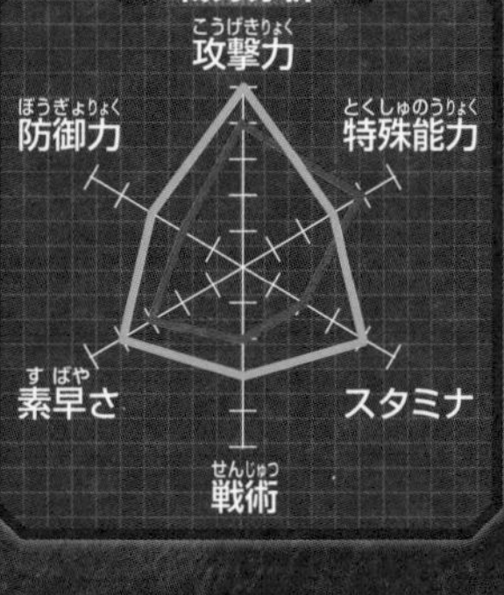

シーン1 ディメトロドンがすばやくトラを追《お》う

バトルスタート！

浅《あさ》い池《いけ》や水《みず》たまりで、水《みず》しぶきを上《あ》げながら、ディメトロドンがトラをはげしく追《お》いかける。水辺《みずべ》に生息《せいそく》しているディメトロドンにとってはとくいのフィールドだ。

バトルフィールド
湿原《しつげん》

シーン2 ディメトロドンのかみつき攻撃《こうげき》

ディメトロドンがするどい歯《は》で、トラのうでに食《く》いつく。トラはいたみでもん絶《ぜつ》する。

レスリング技《わざ》がとくいなトラは、不利《ふり》な体《たい》せいからディメトロドンをひっくり返《かえ》し、急《きゅう》所《しょ》にかみついて絶命《ぜつめい》させる。

シーン3 トラがパワーをいかして逆転《ぎゃくてん》

Winner!

勝《しょう》者《しゃ》 危険生物軍《きけんせいぶつぐん》 トラ

バトル結果《けっか》

水辺《みずべ》の移動《いどう》になれているディメトロドンに苦戦《くせん》したトラだったが、持《も》ち味《あじ》のパワーで相手《あいて》をひっくり返《かえ》して組《く》みふせて、急所《きゅうしょ》へのかみつきでしとめた。最後《さいご》はとくいのパターンで勝《しょう》利《り》した。

TIME
15分《ふん》0秒《びょう》

3本《ほん》のツノ vs2本《ほん》の牙《きば》

最強武《さいきょうぶ》そう恐竜《きょうりゅう》
トリケラトプス

レジェンド

DATA

分類《ぶんるい》 は虫類《ちゅうるい》・鳥盤目《ちょうばんもく》
ケラトプス科《か》
分布《ぶんぷ》 現北米《げんほくべい》
年代《ねんだい》 中生代《ちゅうせいだい》・白亜紀後期《はくあきこうき》

恐竜《きょうりゅう》・古生物軍《こせいぶつぐん》

ヤリのような3本《ぼん》のツノと、たてのようなカブト(えりかざり)を持《も》つ。オスどうしのなわばり争《あらそ》いは剣闘士《けんとうし》のようにはげしかったと考《かんが》えられている。肉食恐竜《にくしょくきょうりゅう》にひってきするほど戦闘《せんとう》のう力《りょく》の高《たか》い、最強草食恐竜《さいきょうそうしょくきょうりゅう》だ。

体長《たいちょう》 9m《メートル》
体重《たいじゅう》 12t《トン》
草食《そうしょく》

体長《たいちょう》 7m《メートル》
体重《たいじゅう》 8t《トン》
草食《そうしょく》

DATA

分類《ぶんるい》 ほ乳類《にゅうるい》・長鼻目《ちょうびもく》ゾウ科《か》
分布《ぶんぶ》 アフリカ
年代《ねんだい》 現代《げんだい》

陸《りく》の破壊王《はかいおう》
アフリカゾウ

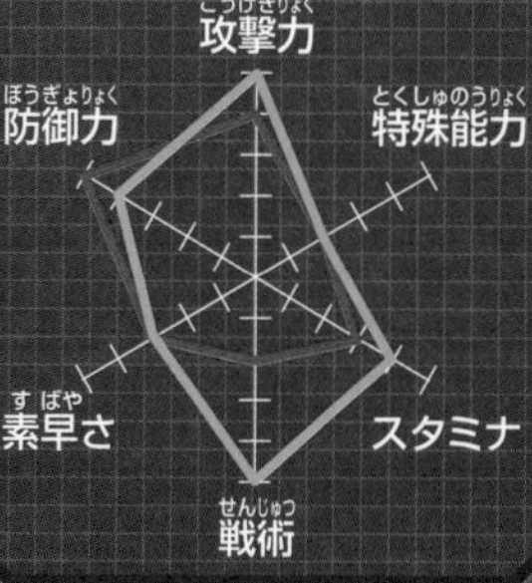

危険生物軍《きけんせいぶつぐん》

1回戦《かいせん》、2回戦《かいせん》は、自分《じぶん》よりも体《からだ》の小《ちい》さな相手《あいて》をパワーでひねりつぶす形《かたち》でとっ破《ぱ》した。3回戦《かいせん》は、体《からだ》の大《おお》きな相手《あいて》との戦《せん》とうだ。ゾウの牙《きば》とトリケラトプスのツノがぶつかり合《あ》う、草食動物《そうしょくどうぶつ》どうしの意地《いじ》と意地《いじ》の勝負《しょうぶ》が始《はじ》まる。

バトルスタート！

シーン1 トリケラトプスがとっ進《しん》する

バトルフィールド
草原《そうげん》

きょりをおいてにらみ合《あ》う両者《りょうしゃ》。アフリカゾウは、トリケラトプスのカブトとはり合《あ》って、耳《みみ》を大《おお》きく開《ひら》いている。トリケラトプスの方《ほう》からゾウに向《む》かってとっ進《しん》していく。

シーン2 アフリカゾウが攻撃《こうげき》を受《う》け止《と》める

アフリカゾウは、真《ま》っ向《こう》から受《う》けて立《た》つ。アフリカゾウの牙《きば》とトリケラトプスのツノがぶつかりあう。

シーン3 アフリカゾウ 牙《きば》でひとつき

Winner!

勝者《しょうしゃ》 危険生物軍《きけんせいぶつぐん》 アフリカゾウ

トリケラトプスのツノとアフリカゾウの牙《きば》がからみ合《あ》いながらおし合《あ》い、すもうのようになり両者動《りょうしゃうご》かない。トリケラトプスがバランスをくずしたしゅん間《かん》に、カブトのうら側《がわ》に、アフリカゾウの牙《きば》がささり、トリケラトプスは絶命《ぜつめい》する。

TIME
25分《ふん》0秒《びょう》

バトル結果《けっか》

中世《ちゅうせい》ヨーロッパのヤリ騎兵《きへい》の決闘《けっとう》のようなぶつかり合《あ》い。ほぼごかくの戦《たたか》いに勝利《しょうり》したのは、相手《あいて》の弱点《じゃくてん》を見《み》きわめる頭《ず》のうと戦術《せんじゅつ》をもったアフリカゾウだった。

DATA

分類《ぶんるい》 ほ乳類《にゅうるい》・長鼻目《ちょうびもく》ゾウ科《か》

分布《ぶんぷ》 ユーラシア

年代《ねんだい》 新生代《しんせいだい》・第四紀《だいよんき》

寒冷地《かんれいち》の巨大生物《きょだいせいぶつ》

ケナガマンモス

レジェンド

恐竜《きょうりゅう》・古生物軍《こせいぶつぐん》

寒《さむ》い地《ち》いきに生息《せいそく》していたため、全身《ぜんしん》が太《ふと》くてまっすぐな毛《け》でおおわれ、鼻《はな》が短《みじか》く、耳《みみ》も小《ちい》さかった。巨体《きょたい》をいかしたパワフルなとっ進《しん》ははかい力《りょく》ばつぐん。カーブしたとてもりっぱな牙《きば》を持《も》っている。

体長《たいちょう》 9 m《メートル》
体重《たいじゅう》 20 t《トン》
草食《そうしょく》

体長《たいちょう》 3 m《メートル》
体重《たいじゅう》 500 kg《キログラム》
肉食《にくしょく》

新生代《しんせいだい》の巨獣《きょじゅう》 vs古代《こだい》最強肉食獣《さいきょうにくしょくじゅう》

DATA

分類《ぶんるい》 ほ乳類《にゅうるい》・肉歯目《にくしもく》ヒアエノドン科《か》
分布《ぶんぷ》 現《げん》アフリカ～ユーラシア～北米《ほくべい》
年代《ねんだい》 新生代《しんせいだい》・古第三紀《こだいさんき》

すべてをかみくだく肉食獣《にくしょくじゅう》
ヒアエノドン

戦力分析《せんりょくぶんせき》

恐竜《きょうりゅう》・古生物軍《こせいぶつぐん》

1回戦《かいせん》、2回戦《かいせん》と、ねばり強《づよ》く、手《しゅ》だんを選《えら》ばないどん欲《よく》な戦《たたか》い方《かた》で勝利《しょうり》を手《て》にしてきた。3回戦《かいせん》の相手《あいて》・ケナガマンモスは、新生代《しんせいだい》の巨大《きょだい》生物《せいぶつ》であり、かなりの体格差《たいかくさ》がある。不利《ふり》なじょうきょうではあるが、相手《あいて》の弱点《じゃくてん》を探《さぐ》りながら、かかんにせめていく。

バトルスタート!

バトルフィールド

寒冷《かんれい》地《ち》

シーン1 ケナガマンモスのかたい守《まも》り

ケナガマンモスのまわりを、ぐるぐる回《まわ》ってちょう発《はつ》するヒアエノドン。つねに敵《てき》に牙《きば》を向《む》けて、相手《あいて》を近《ちか》よらせないケナガマンモス。戦《たたか》いは長期戦《ちょうきせん》になる。

シーン2 ヒアエノドンに攻撃《こうげき》のチャンス

ヒアエノドンは、すきを見《み》てケナガマンモスの鼻《はな》にとびかかり、うまく食《く》いつくことに成功《せいこう》。ケナガマンモスは、それをふりはらおうとする。

Winner!

勝《しょう》者《しゃ**》 恐竜《きょうりゅう》・古《こ》生物軍《せいぶつぐん》 ヒアエノドン

シーン3 ヒアエノドン、体格差《たいかくさ》をこくふく

かまれた傷《きず》が深《ふか》く、鼻《はな》がちぎれかかったじょうたいで、ケナガマンモスは小《こ》走《ばし》りににげていく。後《あと》を追《お》わずに、そのすがたを見送《みおく》るヒアエノドン。

TIME 60分《ふん》0秒《びょう》

バトル結果《けっか》

持久力《じきゅうりょく》に自信《じしん》のあるヒアエノドンは、長期戦《ちょうきせん》に持《も》ちこみ、何度《なんど》もケナガマンモスにアタック。鼻《はな》にうまく食《く》いついて、引《ひ》きちぎるいきおいでかみ、ダメージをあたえた。ケナガマンモスを戦意《せんい》そうしつさせて、勝利《しょうり》をつかんだ。

エキシビジョン Exhibition 03

アウストラロピテクスは、ばつぐんの運動能力《うんどうのうりょく》と人類《じんるい》の特《とく》ちょうをあわせ持《も》つ。ヒトは、戦術《せんじゅつ》にすぐれた頭《ず》のうを持《も》つだけでなく、弱《よわ》さゆえに動物界《どうぶつかい》で最《もっと》も残《ざん》こくな一面《いちめん》を持《も》つ。

DATA

分類《ぶんるい》 霊長目《れいちょうもく》ヒト科《か》
分布《ぶんぷ》 南《みなみ》アフリカ
年代《ねんだい》 400万年《まんねん》～200万年前《まんねんまえ》

動物界最高《どうぶつかいさいこう》の知能《ちのう》
ヒト

最強《さいきょう》の猿人《えんじん》
アウストラロピテクス

ヒト科《か》頂上決戦《ちょうじょうけっせん》！
最強《さいきょう》の猿人《えんじん》vs動物界最高《どうぶつかいさいこう》の知能《ちのう》

DATA

分類《ぶんるい》 霊長目《れいちょうもく》
分布《ぶんぷ》 地球全土《ちきゅうぜんど》
年代《ねんだい》 現代《げんだい》

身長《しんちょう》 120cm《センチメートル》
体重《たいじゅう》 40kg《キログラム》

身長《しんちょう》 170cm《センチメートル》
体重《たいじゅう》 70kg《キログラム》

シーン1

にらみ合う両者《りょうしゃ》。ヒトは落《お》ち着《つ》いて、戦闘姿勢《せんとうしせい》をとる。一方《いっぽう》、アウストラロピテクスは、毛《け》をさか立《だ》てて自分《じぶん》を大《おお》きく見《み》せようとする。体格差《たいかくさ》はほとんどないが、殺気《さっき》や闘志《とうし》は猿人《えんじん》の方《ほう》が勝《まさ》る。

シーン2

先手《せんて》を打《う》ったのはアウストラロピテクス。とつ然《ぜん》、すばやい動《うご》きでとびかかる。いきおいでヒトをおしたおし、うでにはげしくかみつくなどの攻撃《こうげき》をする。

バトルフィールド

荒野《こうや》

シーン3

ヒトは、近《ちか》くにあった石《いし》をひろって、アウストラロピテクスの頭《あたま》をはげしく打《う》ちつける。当《あ》たりどころが悪《わる》く、アウストラロピテクスはダウン。

Winner!

勝者《しょうしゃ》 ヒト

TIME

15分《ふん》0秒《びょう》

バトル結果《けっか》

身体能力《しんたいのうりょく》ではおとるヒトは、モノを武器《ぶき》にするという、ほかの動物《どうぶつ》にはない特技《とくぎ》で、相手《あいて》を打《う》ちたおすことに成功《せいこう》。

動物《どうぶつ》たちのいろいろな武器《ぶき》

〝牙《きば》〟ひとつ見《み》ても多様《たよう》に進化《しんか》している

動物《どうぶつ》たちは攻撃《こうげき》するため、身《み》を守《まも》るため、さまざまな武器《ぶき》を備《そな》えています。

まず、動物《どうぶつ》の牙《きば》は犬歯《けんし》が長《なが》くなったもので、獲物《えもの》を殺《ころ》すための専用《せんよう》の歯《は》です。草食動物《そうしょくどうぶつ》は狩《か》りをしないので、犬《けん》歯《し》が発達《はったつ》していませんが、イノシシなどは草食動物《そうしょくどうぶつ》の仲間《なかま》でも大《おお》きくてするどい牙《きば》があります。原始的《げんしてき》なシカの仲間《なかま》には牙《きば》がありますが、進化《しんか》したシカには牙《きば》がなくなり、代《か》わりにツノが発達《はったつ》していきます。まるで戦国時代《せんごくじだい》の武将《ぶしょう》のカブトのデザインのように、自分《じぶん》を強《つよ》そうに見《み》せるかざりに変《か》わっていったのです。

獲物《えもの》をつかまえるのに適《てき》したネコの鉤爪《かぎづめ》。

ゴリラには大《おお》きな牙《きば》がありますが、ゴリラも草食動物《そうしょくどうぶつ》なので、牙《きば》は強《つよ》そうに見《み》せるだけのかざりで、牙《きば》の根《ね》が浅《あさ》く、ケンカしてぶつかると牙《きば》がポロッとよくぬけます。ゾウの大《おお》きな牙《きば》は、犬《けん》歯《し》ではなく、前歯《まえば》（門歯《もんし》）が長《なが》くなったものなので、出《で》っ歯《ぱ》と言《い》えます。

草食《そうしょく》でも牙《きば》を持《も》つイボイノシシ。

3種類《しゅるい》の爪《つめ》と防御《ぼうぎょ》における進化《しんか》

動物《どうぶつ》の爪《つめ》も重要《じゅうよう》な武器《ぶき》の一《ひと》つです。爪《つめ》には3種類《しゅるい》あります。ネコの仲間《なかま》など狩《か》りをする動物《どうぶつ》はするどい**鉤爪**（かぎづめ）で、相手《あいて》をつかまえて逃《に》がしません。ウマなど速《はや》く走《はし》る動物《どうぶつ》は**蹄**（ひづめ）になっています。ぶあつく硬《かた》い爪《つめ》で早《はや》く走《はし》れるだけでなく、戦《たたか》いでけった場合《ばあい》も破壊力《はかいりょく》があります。サルなど樹上《じゅじょう》で枝《えだ》から枝《えだ》へ移動《いどう》する動物《どうぶつ》は、**平爪**（ひらづめ）になっていて、ものをつかみやすくなっています。

その他《ほか》、ぶあつい皮《ひ》ふや針《はり》の毛《け》を持《も》ち、相手《あいて》の牙《きば》や爪《つめ》が内臓《ないぞう》までとどかないように防御《ぼうぎょ》している動物《どうぶつ》もいます。また大型化《おおがたか》することは、しゅん殺《さつ》されない最強《さいきょう》の〝武器《ぶき》〟のひとつで、古今東西《ここんとうざい》の草食動物《そうしょくどうぶつ》には数多《かずおお》くいます。

Battle《バトル》

33－36

準々決勝《じゅんじゅんけっしょう》

恐竜界《きょうりゅうかい》の暴君《ぼうくん》
ティラノサウルス

蛇界《へびかい》の王《おう》
キングコブラ

極限《きょくげん》パワー恐竜《きょうりゅう》 VS 秒殺《びょうさつ》の毒蛇《どくへび》

DATA

分類《ぶんるい》 は虫類《ちゅうるい》・竜盤目《りゅうばんもく》ティラノサウルス科《か》
分布《ぶんぷ》 ローラシア大陸《たいりく》からゴンドワナ大陸《たいりく》
年代《ねんだい》 中生代《ちゅうせいだい》・白亜紀後期《はくあきこうき》

DATA

分類《ぶんるい》 は虫類《ちゅうるい》・有鱗目《ゆうりんもく》コブラ科《か》
分布《ぶんぷ》 東南《とうなん》アジア
年代《ねんだい》 現代《げんだい》

恐竜《きょうりゅう》・古生物軍《こせいぶつぐん》

前《まえ》の戦《たたか》いでは、ヒグマの猛攻《もうこう》に苦戦《くせん》しながらも、持《も》ち前《まえ》のパワーで勝利《しょうり》をつかんだ。準々決勝《じゅんじゅんけっしょう》の相手《あいて》は、猛毒《もうどく》を持《も》つキングコブラ。毒《どく》を注入《ちゅうにゅう》されればひとたまりもない要注意《ようちゅうい》の相手《あいて》を、恐竜王《きょうりゅうおう》はどのように攻《こう》りゃくするか!?

体長《たいちょう》 13m《メートル》
体重《たいじゅう》 9t《トン》
肉食《にくしょく》

戦力分析《せんりょくぶんせき》

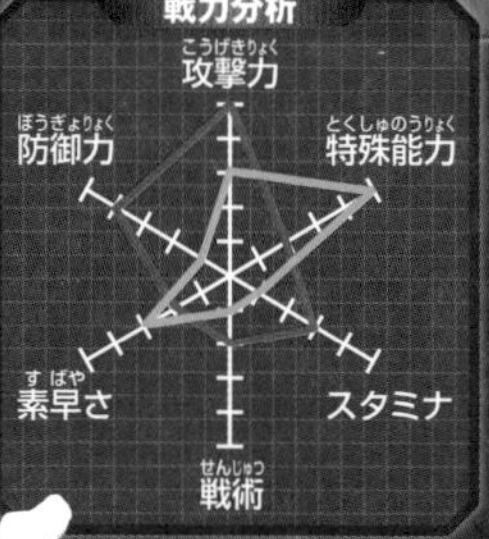

危険生物軍《きけんせいぶつぐん》

3回戦《かいせん》までは、たくみに対戦《たいせん》相手《あいて》に毒《どく》を注入《ちゅうにゅう》して、ついに準々決勝《じゅんじゅんけっしょう》にコマを進《すす》めた。相手《あいて》は、優勝《ゆうしょう》こうほのティラノサウルス。牙《きば》を通《とお》さないほど皮《ひ》ふがあつく、かむ力《ちから》の強《つよ》い、最強《さいきょう》の恐竜《きょうりゅう》だ。今回《こんかい》も、相手《あいて》の弱点《じゃくてん》を探《さが》しながら一撃必殺《いちげきひっさつ》をねらう。

体長《たいちょう》 4m《メートル》
体重《たいじゅう》 6kg《キログラム》
肉食《にくしょく》

バトルスタート！

シーン1 キングコブラがいかくする

バトルフィールド
森《もり》

キングコブラは、かま首《くび》を上《あ》げて巨大《きょだい》なティラノサウルスをいかくする。キングコブラは、どんな相手《あいて》にでもいかくする習性《しゅうせい》がある。

シーン2 ティラノサウルスがゆっくりと近《ちか》づく

キングコブラは、ユラユラとゆっくり左右《さゆう》に頭《くび》をふる。そこへゆっくりとティラノサウルスが顔《かお》を近《ちか》づけていく。

Winner!

勝者《しょうしゃ》 恐竜《きょうりゅう》・古生物軍《こせいぶつぐん》 ティラノサウルス

シーン3 ティラノサウルスの意外《いがい》な攻撃《こうげき》

次《つぎ》のしゅん間《かん》、ティラノサウルスはパクッと食《く》い付《つ》き、キングコブラをひとのみ！　まさかのしゅん殺《さつ》で勝負《しょうぶ》あり！

バトル結果《けっか》

は虫類《ちゅうるい》は動《うご》く物《もの》をにんしきして食《た》べる習性《しゅうせい》があるので、体《からだ》をゆらすいかくはティラノサウルスの食欲《しょくよく》を逆《ぎゃく》にしげきしてしまった。キングコブラ、つうこんのミス。

Battle 34
準々決勝

地球史上最大級《ちきゅうしじょうさいだいきゅう》ほ乳類《にゅうるい》

インドリコテリウム

DATA

分類《ぶんるい》 ほ乳類《にゅうるい》・奇蹄目《きていもく》ヒラコドン科《か》
分布《ぶんぷ》 ユーラシア
年代《ねんだい》 新生代《しんせいだい》・古第三紀《こだいさんき》

最強最大《さいきょうさいだい》ボデイ vs 小《ちい》さな戦《せん》りゃく家《か》

小《ちい》さな殺《ころ》し屋《や》

クズリ

DATA

分類《ぶんるい》 ほ乳類《にゅうるい》・食肉目《しょくにくもく》イタチ科《か》
分布《ぶんぷ》 ユーラシア・北米《ほくべい》
年代《ねんだい》 現代《げんだい》

恐竜《きょうりゅう》・古生物軍《こせいぶつぐん》

3回戦《かいせん》では自分《じぶん》よりも体《からだ》の大《おお》きなブラキオサウルスをみごとに撃破《げきは》した。準々決勝《じゅんじゅんけっしょう》であたるのは、小《ちい》さくすばしっこい戦《せん》りゃく家《か》のクズリ。体格差《たいかくさ》がかなり大《おお》きく、正反対《せいはんたい》の性質《せいしつ》を持《も》つやりにくい相手《あいて》だ。

体長《たいちょう》 8m《メートル》
体重《たいじゅう》 30t《トン》
草食《そうしょく》

戦力分析《せんりょくぶんせき》

危険生物軍《きけんせいぶつぐん》

たぐいまれな身体能力《しんたいのうりょく》からくり出《だ》されるテクニカルな攻撃技《こうげきわざ》と、戦闘《せんとう》の経験《けいけん》から生《う》み出《だ》すたくみな戦《せん》りゃくで勝《か》ちぬいてきた。準々決勝《じゅんじゅんけっしょう》では、超巨大生物《ちょうきょだいせいぶつ》インドリコテリウムと戦《たたか》う。圧《あっ》とう的《てき》な体格差《たいかくさ》を前《まえ》にして、とっぱ口《こう》を見《み》つけられるか……。

体長《たいちょう》 1m《メートル》
体重《たいじゅう》 25kg《キログラム》
肉食《にくしょく》

バトルフィールド
森《もり》

バトルスタート！

クズリは、これまでの狩《か》りの学習《がくしゅう》を応用《おうよう》して、インドリコテリウムの足元《あしもと》を攻撃《こうげき》する。しかし、皮《ひ》ふがあつすぎて歯《は》が立《た》たない。

シーン1 クズリ まずは足元《あしもと》を攻撃《こうげき》

シーン2 クズリは相手《あいて》の体《からだ》をかけ回《まわ》る

クズリは、インドリコテリウムの体《からだ》をかけのぼって、背中《せなか》から攻《せ》めることに。しかし、こちらの皮《ひ》ふもあつく、相手《あいて》にダメージを負《お》わせることができない。

シーン3 インドリコテリウムのイライラが爆発《ばくはつ》！

インドリコテリウムは、ちょこまか動《うご》き回《まわ》るクズリに、イライラをつのらせる。相手《あいて》を攻《せ》めあぐねていたクズリは、ついにふり落《お》とされ、最後《さいご》はふみつけられて、れき死《し》する。

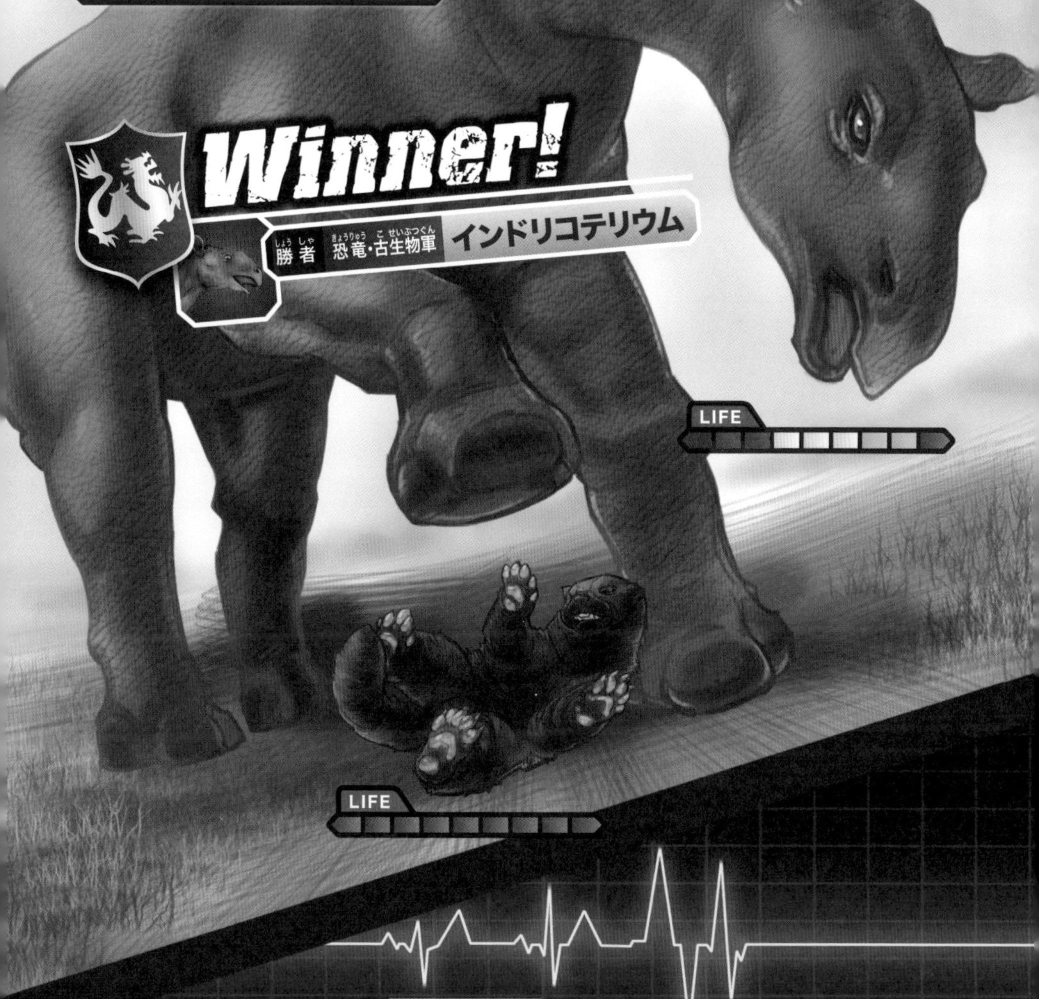

Winner!

勝《しょう》者《しゃ》 恐竜《きょうりゅう》・古生物軍《こせいぶつぐん》 インドリコテリウム

TIME
7分《ふん》0秒《びょう》

バトル結果《けっか》

圧《あっ》とう的《てき》な体格差《たいかくさ》がある中《なか》で、クズリもふんとうはしたが、きょういのディフェンス力《りょく》を前《まえ》にとっぱ口《こう》を見《み》つけることができなかった。超重量級《ちょうじゅうりょうきゅう》のパワフルなふみつけ攻撃《こうげき》で勝負《しょうぶ》あり。

絶滅《ぜつめつ》したトラ vs 現生《げんせい》のトラ

恐《おそ》るべき巨大牙《きょだいきば》
スミロドン

DATA

分類《ぶんるい》 ほ乳類《にゅうるい》・食肉目《しょくにくもく》ネコ科《か》
分布《ぶんぶ》 現《げん》 南北《なんぼく》アメリカ大陸《たいりく》
年代《ねんだい》 新生代《しんせいだい》・更新世《こうしんせい》

ネコ科最強《かさいきょう》ハンター
トラ

DATA

分類《ぶんるい》 ほ乳類《にゅうるい》・食肉目《しょくにくもく》ネコ科《か》
分布《ぶんぶ》 アジア
年代《ねんだい》 現代《げんだい》

恐竜《きょうりゅう》・古生物軍《こせいぶつぐん》

3回戦《かいせん》では、一撃必殺《いちげきひっさつ》の巨《きょ》大《だい》な牙《きば》をつき立《た》てて、強敵《きょうてき》ラーテルをたおし準々決勝《じゅんじゅんけっしょう》に進《すす》んだ。次《つぎ》なる相手《あいて》は、現生《げんせい》のトラ。ほぼ体格《たいかく》やパワーはごかくのため、じまんの牙《きば》をどういかすかが勝負《しょうぶ》を左《さ》右《ゆう》する。

体長《たいちょう》 2m《メートル》
体重《たいじゅう》 340kg《キログラム》
肉食《にくしょく》

戦力分析《せんりょくぶんせき》

危険生物軍《きけんせいぶつぐん》

ここまでは、陸《りく》、海《うみ》、空《そら》の生《い》き物《もの》たちを、王者《おうじゃ》の風格《ふうかく》すらただよう圧《あっ》とう的《てき》な戦《たたか》い方《かた》でなぎたおしてきた。準々決勝《じゅんじゅんけっしょう》では、トラの仲間《なかま》である“サーベルタイガー”の一種《いっしゅ》スミロドンだ。新旧《しんきゅう》トラたちのプライドをかけたバトルがぼっ発《ぱつ》する。

体長《たいちょう》 3.7m《メートル》
体重《たいじゅう》 300kg《キログラム》
肉食《にくしょく》

バトルスタート！

シーン1 トラとスミロドンのにらみ合《あ》い

トラが攻《せ》めようとするが、スミロドンにすきがなく攻《せ》められない。にらみ合《あ》い、おたがい間《ま》合《あ》いをつめずにゆっくり動《うご》き、きっこう状態《じょうたい》が続《つづ》く。

バトルフィールド

草原《そうげん》

シーン2 トラとスミロドンのかみつき合戦《がっせん》

あるしゅん間《かん》、おたがい同《おな》じようにとびかかり、前足《まえあし》どうしで組《く》み合《あ》う。すもうのようなしせいになりながら、トラが何度《なんど》かかみつく。スミロドンも、かみ返《かえ》そうとするが、牙《きば》が大《おお》きすぎてうまくささらない。

傷《きず》だらけになったスミロドンは、戦意《せんい》そうしつして一目散《いちもくさん》ににげていく。

シーン3 スミロドン ついに逃《とう》ぼう

Winner!

勝者《しょうしゃ》 危険生物軍《きけんせいぶつぐん》 トラ

バトル結果《けっか》

接近戦《せっきんせん》においては、スミロドンの巨大《きょだい》な牙《きば》がじゃまになり、攻《せ》めあぐねている間《あいだ》に、トラは機能的《きのうてき》でするどい牙《きば》で急所《きゅうしょ》を数ヵ所《すうかしょ》かみついて、勝負《しょうぶ》が決《けっ》した。

TIME
12分《ふん》0秒《びょう》

陸《りく》の破《は》かい王《おう》
アフリカゾウ

すべてをかみくだく肉食獣《にくしょくじゅう》
ヒアエノドン

現生最強生物《げんせいさいきょうせいぶつ》vs新生代《しんせいだい》の荒《あら》くれ

DATA

分類《ぶんるい》 ほ乳類《にゅうるい》・長鼻目《ちょうびもく》ゾウ科《か》
分布《ぶんぷ》 アフリカ
年代《ねんだい》 現代《げんだい》

DATA

分類《ぶんるい》 ほ乳類《にゅうるい》・肉歯目《にくしもく》ヒアエノドン科《か》
分布《ぶんぷ》 現《げん》アフリカ～ユーラシア～北米《ほくべい》
年代《ねんだい》 新生代《しんせいだい》・古第三紀《こだいさんき》

危険生物軍《きけんせいぶつぐん》

トリケラトプスをはじめとした名《な》だたる強敵《きょうてき》を、パワーと頭《ず》のうでなぎたおしてきた。準々《じゅんじゅん》決勝《けっしょう》で戦《たたか》うヒアエノドンは、体格《たいかく》こそ小《ち》さいが、勝《か》つためには手段《しゅだん》を選《えら》ばず、がむしゃらに攻撃《こうげき》してくる。ゆだんならない相手《あいて》だ。

体長《たいちょう》 7m《メートル》
体重《たいじゅう》 8t《トン》
草食《そうしょく》

戦力分析《せんりょくぶんせき》

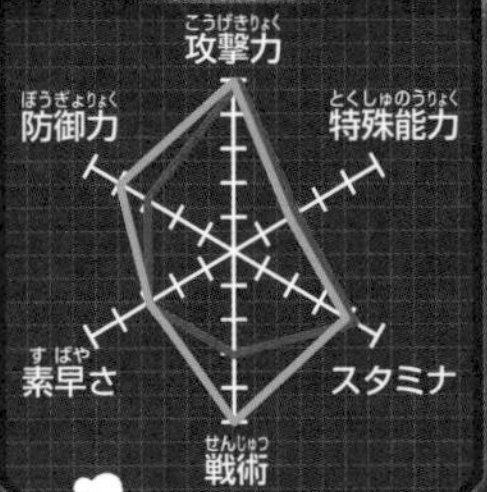

恐竜《きょうりゅう》・古生物軍《こせいぶつぐん》

ここまでは、戦術《せんじゅつ》らしい戦術《せんじゅつ》もなく、がむしゃらな力技《ちからわざ》で勝利《しょうり》を手《て》にしてきた。準々決勝《じゅんじゅんけっしょう》では、現生《げんせい》の動物《どうぶつ》の中《なか》で最強《さいきょう》ともいわれるアフリカゾウだ。これまでのがむしゃらな戦法《せんぽう》が通用《つうよう》するかどうか見《み》ものだ。

体長《たいちょう》 3m《メートル》
体重《たいじゅう》 500kg《キログラム》
肉食《にくしょく》

バトルフィールド

湿地《しっち》

シーン1 ヒアエノドンが動《うご》きまわる

ヒアエノドンは、落《お》ち着《つ》きなく動《うご》き回《まわ》り、前《まえ》から後《うし》ろから、攻撃《こうげき》をしかけようとこころみる。巨大《きょだい》なゾウのいあつ感《かん》で、攻《せ》めあぐねる。

シーン2 ヒアエノドンが相手《あいて》の弱点《じゃくてん》にとびかかる

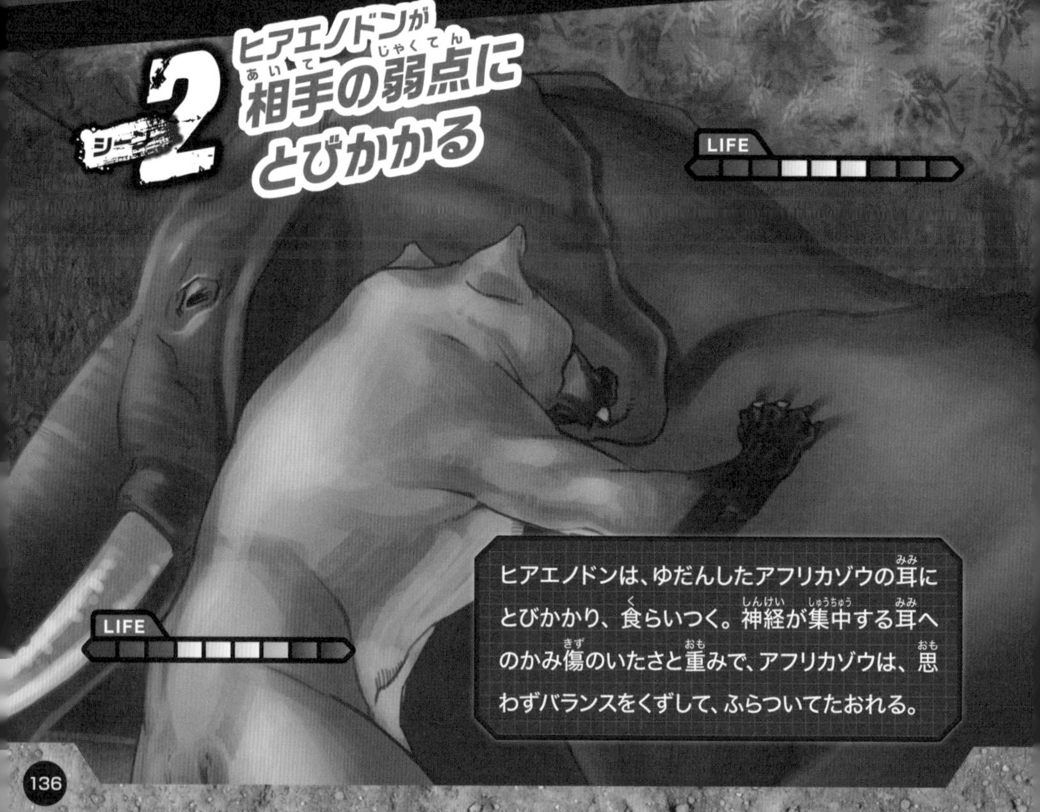

ヒアエノドンは、ゆだんしたアフリカゾウの耳《みみ》にとびかかり、食《く》らいつく。神経《しんけい》が集中《しゅうちゅう》する耳《みみ》へのかみ傷《きず》のいたさと重《おも》みで、アフリカゾウは、思《おも》わずバランスをくずして、ふらついてたおれる。

Winner!

勝者《しょうしゃ》 恐竜《きょうりゅう》・古生物軍《こせいぶつぐん》 ヒアエノドン

シーン3 ゾウが沼地《ぬまち》にはまる

アフリカゾウがたおれこんだ場所《ばしょ》がドロ沼《ぬま》で、足《あし》を取《と》られて出《で》られなくなり、体《からだ》がどんどんしずんでいき、やがて体力《たいりょく》がつき絶命《ぜつめい》する。そのようすをヒアエノドンは静《しず》かに見《み》つめている。

TIME
58分《ふん》0秒《びょう》

バトル結果《けっか》

ヒアエノドンはハイエナの仲間《なかま》と考《かんが》えられている。ハイエナの仲間《なかま》はドロの中《なか》に食《た》べ残《のこ》しをかくすなど、ドロのあつかいになれている。そんなとくいな地形《ちけい》をいかしてヒアエノドンは劇的《げきてき》な勝利《しょうり》をつかんだ。

動物《どうぶつ》たちの戦術《せんじゅつ》

武器《ぶき》をいかに使《つか》うか 勝《か》つには戦術《せんじゅつ》が必要《ひつよう》

動物《どうぶつ》の世界《せかい》では、武器《ぶき》があれば戦《たたか》いに勝《か》てるというわけではありません。戦《たたか》いで勝利《しょうり》するには戦術《せんじゅつ》が重要《じゅうよう》になります。せっかくの武器《ぶき》を使《つか》った必殺技《ひっさつわざ》も出《だ》しどころをミスすると、有利《ゆうり》に戦《たたか》えないからです。

小《ちい》さい動物《どうぶつ》や弱《よわ》い草食動物《そうしょくどうぶつ》たちにとって、有効《ゆうこう》なのは先制攻撃《せんせいこうげき》です。代《だい》表例《ひょうれい》はイノシシで、相手《あいて》に考《かんが》えるスキをあたえず、いきなりはげしい攻撃《こうげき》をしかけていきます。この不意《ふい》をつく攻撃《こうげき》は相手《あいて》に恐怖心《きょうふしん》をあたえ、戦《たたか》いの主導《しゅどう》権《けん》をあたえません。

写真：Dan Dzurisin
死《し》んだふりをするオポッサム。

ユニークな戦術《せんじゅつ》として、擬死《ぎし》があります。これはいわゆる〝死《し》んだフリ〟のことで、相手《あいて》をゆだんさせて突然反撃《とつぜんはんげき》したり、スキを見《み》て逃《に》げ出《だ》したりします。タヌキやオポッサムの得意技《とくいわざ》です。

自分《じぶん》を強《つよ》そうに見《み》せることもひとつの戦術《せんじゅつ》です。スカンクの白《しろ》と黒《くろ》の目立《めだ》つ模様《もよう》は、くさい毒《どく》を持《も》っていることをアピールするデザインで、戦《たたか》わずして勝《か》つ戦術《せんじゅつ》のひとつです。

模様《もよう》で危険《きけん》を警告《けいこく》するスカンク。
写真：Bennilover

相手《あいて》の戦術《せんじゅつ》を 打《う》ち破《やぶ》る戦術《せんじゅつ》もある

ひとつの戦術《せんじゅつ》があれば、それを打《う》ち破《やぶ》る戦術《せんじゅつ》もあります。

たとえば、トラなどの肉食動物《にくしょくどうぶつ》の名《めい》ハンターは、相手《あいて》の出方《でかた》をじっくり観察《かんさつ》して弱点《じゃくてん》を見《み》いだし、するどい牙《きば》や爪《つめ》で急《きゅう》所《しょ》を一撃《いちげき》で仕《し》とめる王道《おうどう》の戦術《せんじゅつ》です。

それに対《たい》して草食動物《そうしょくどうぶつ》は、一撃《いちげき》で殺《ころ》されないように大型《おおがた》化《か》するという最強《さいきょう》の武器《ぶき》を用《もち》いて、身《み》を守《まも》る戦術《せんじゅつ》をとったのです。

しかし、肉食動物《にくしょくどうぶつ》のハンターたちは、それに対抗《たいこう》する戦術《せんじゅつ》として、〝群《む》れ〟で行動《こうどう》することをあみ出《だ》しました。このチーム力《りょく》によって自分《じぶん》より大《おお》きい獲物《えもの》を仕《し》とめられるようになりました。

Battle《バトル》

37 → 38

準決勝《じゅんけっしょう》

地球史上最大級《ちきゅうしじょうさいだいきゅう》ほ乳類《にゅうるい》

インドリコテリウム

恐竜界《きょうりゅうかい》の暴君《ぼうくん》

ティラノサウルス

超大型肉食恐竜《ちょうおおがたにくしょくきょうりゅう》 vs史上最大級《しじょうさいだいきゅう》の草食獣《そうしょくじゅう》

DATA

分類《ぶんるい》 ほ乳類《にゅうるい》・奇蹄目《きていもく》ヒラコドン科《か》
分布《ぶんぷ》 ユーラシア
年代《ねんだい》 新生代《しんせいだい》・古第三紀《こだいさんき》

DATA

分類《ぶんるい》 は虫類《ちゅうるい》・竜盤目《りゅうばんもく》ティラノサウルス科《か》
分布《ぶんぷ》 ローラシア大陸《たいりく》からゴンドワナ大陸《たいりく》
年代《ねんだい》 中生代《ちゅうせいだい》・白亜紀後期《はくあきこうき》

恐竜《きょうりゅう》・古生物軍《こせいぶつぐん》

これまで暴《あば》れんぼうのヒグマや猛毒《もうどく》を持《も》つキングコブラといった危険生物《きけんせいぶつ》をたおしてきた。準決勝《じゅんけっしょう》では、自分《じぶん》よりも体格《たいかく》が大《おお》きい草食獣《そうしょくじゅう》、インドリコテリウムとの対戦《たいせん》だ。肉食恐竜《にくしょくきょうりゅう》のプライドをかけてたおしに行《い》く。

体長《たいちょう》 13m《メートル》
体重《たいじゅう》 9t《トン》
肉食《にくしょく》

戦力分析《せんりょくぶんせき》

恐竜《きょうりゅう》・古生物軍《こせいぶつぐん》

1回戦《かいせん》から名《な》だたる危険生物《きけんせいぶつ》や恐竜《きょうりゅう》をたおし、快進撃《かいしんげき》を続《つづ》けてきた。準決勝《じゅんけっしょう》では、肉食《にくしょく》恐竜《きょうりゅう》の中《なか》で最強《さいきょう》ともいわれるティラノサウルスとの決戦《けっせん》だ。持《も》てる力《ちから》を全《すべ》て引《ひ》き出《だ》して戦《たたか》いに挑《いど》む。

体長《たいちょう》 8m《メートル》
体重《たいじゅう》 30t《トン》
草食《そうしょく》

バトルフィールド
草原《そうげん》

バトルスタート！

シーン1
ティラノサウルスが激《はげ》しくかみつく

ティラノサウルスは先制攻撃《せんせいこうげき》で、インドリコテリウムにかみつく。ダメージをあたえるが致命傷《ちめいしょう》にはいたらない。

シーン2
インドリコテリウム激怒《げきど》して立《た》ち上《あ》がる

かみつかれて怒《おこ》ったインドリコテリウムは後《うし》ろ足《あし》で立《た》ち上《あ》がり、両前足《りょうまえあし》を高《たか》く上《あ》げてふりかぶる。

シーン3 インドリコテリウムのかかと落《お》としがさくれつ！

インドリコテリウムは両足《りょうあし》を一気《いっき》にふり下《お》ろすと、ティラノサウルスののう天《てん》を巨大《きょだい》なかかとで強打《きょうだ》する。この一撃《いちげき》で、ティラノサウルスは、頭《あたま》から地面《じめん》にたたきつけられてくずれ落《お》ち、失神《しっしん》する。

LIFE

LIFE

Winner!

勝者《しょうしゃ》 恐竜《きょうりゅう》・古生物軍《こせいぶつぐん》 インドリコテリウム

バトル結果《けっか》

おたがいに、きわめて破《は》かい力《りょく》のある攻撃技《こうげきわざ》を持《も》つ超重力《ちょうじゅうりょう》級対決《きゅうたいけつ》。ティラノサウルスの先制攻撃《せんせいこうげき》を受《う》けて傷《きず》つきながらも、怒《いか》りによってこん身《しん》の反撃《はんげき》に転《てん》じたインドリコテリウムのおどろくべき底力《そこぢから》の勝利《しょうり》といえる。

TIME
9分《ふん》0秒《びょう》

ネコ科《か》最強《さいきょう》ハンター
トラ

すべてをかみくだく肉食獣《にくしょくじゅう》
ヒアエノドン

パワフル蛮族《ばんぞく》vsたくみの戦士《せんし》

DATA

分類《ぶんるい》	ほ乳類《にゅうるい》・食肉目《しょくにくもく》ネコ科《か》
分布《ぶんぷ》	アジア
年代《ねんだい》	現代《げんだい》

DATA

分類《ぶんるい》	ほ乳類《にゅうるい》・肉歯目《にくしもく》ヒアエノドン科《か》
分布《ぶんぷ》	現《げん》アフリカ～ユーラシア～北米《ほくべい》
年代《ねんだい》	新生代《しんせいだい》・古第三紀《こだいさんき》

危険生物軍《きけんせいぶつぐん》

ネコ科《か》ならではの洗練《せんれん》された狩《か》りの技術《ぎじゅつ》で、強敵《きょうてき》をつぎつぎとたおしてきた。次《つぎ》にあたるヒアエノドンはトラと同《おな》じく、接近戦《せっきんせん》を得意《とくい》として、パワフルな戦《たたか》い方《かた》が特《とく》ちょうだ。正面《しょうめん》からぶつかるだけでは、苦戦《くせん》を強《し》いられるかもしれない。

体長《たいちょう》 3.7m《メートル》
体重《たいじゅう》 300kg《キログラム》
肉食《にくしょく》

恐竜《きょうりゅう》・古生物軍《こせいぶつぐん》

準《じゅん》々決勝《じゅんけっしょう》では、得意《とくい》な地形《ちけい》をいかした戦術《せんじゅつ》でアフリカゾウをたおす大金星《だいきんぼし》をあげた。今度《こんど》は現生最強《げんせいさいきょう》のネコ科動物《かどうぶつ》ともいわれるトラを狩《か》りに行《い》く。体格《たいかく》はトラよりもやや大《おお》きく、かむ力《ちから》も上回《うわまわ》る、そんな新生代《しんせいだい》の最強肉食獣《さいきょうにくしょくじゅう》が全力《ぜんりょく》でいどむ。

体長《たいちょう》 3m《メートル》
体重《たいじゅう》 500kg《キログラム》
肉食《にくしょく》

シーン 1 トラがとつじょおそいかかる

バトルスタート！

ヤブの中《なか》に身《み》をかくして“擬態《ぎたい》”したトラが、とつじょとび出《だ》してきておそいかかる。ヒアエノドンもすぐ身《み》がまえておう戦《せん》する。

バトルフィールド
草原《そうげん》

シーン 2 ヒアエノドンが必死《ひっし》にかみつく

地面《じめん》に転《ころ》がりながらの、組《く》み合《あ》いの戦《たたか》いが始《はじ》まる。ヒアエノドンも負《ま》けじとパワーでトラをおさえつけながら、体《からだ》のあちこちをかもうとする。

シーン3 トラが急所《きゅうしょ》をしとめる

勝者《しょうしゃ》 危険生物軍《きけんせいぶつぐん》 トラ

集中力《しゅうちゅうりょく》で勝《まさ》るトラは、ヒアエノドンを組《く》みふせ、ノドにくらいついて一発《いっぱつ》で絶命《ぜつめい》させる。

30分《ふん》0秒《びょう》

バトル結果《けっか》

トラは、奇《き》しゅうをしかけることで相手《あいて》に準備《じゅんび》をさせずに攻撃《こうげき》をしかけることに成功《せいこう》。さらに、おたがいもつれる中《なか》で、レスリングのテクニックを使《つか》っておさえつけ、急所《きゅうしょ》を一撃《いちげき》でしとめた、ネコ科《か》の高度《こうど》な戦術《せんじゅつ》の勝利《しょうり》だ。

動物《どうぶつ》の進化《しんか》の不思議《ふしぎ》

ケンカが強《つよ》くても栄《さか》えるとは限《かぎ》らない

かつては〝弱肉強食《じゃくにくきょうしょく》〟という言葉《ことば》があり、自然界《しぜんかい》では強《つよ》いものが勝者《しょうしゃ》となって栄《さか》え、弱《よわ》いものが敗者《はいしゃ》としてほろんでいくと考《かんが》えられていました。

しかし、実際《じっさい》には動物《どうぶつ》どうしの戦《たたか》いで、勝者《しょうしゃ》が敗者《はいしゃ》を直接絶滅《ちょくせつぜつめつ》させるにいたったという例《れい》はほとんど発見《はっけん》されておらず、多《おお》くは敗者《はいしゃ》にも生《い》きる道《みち》がしっかり残《のこ》されています。また、個別《こべつ》の戦《たたか》いやケンカでは草食動物《そうしょくどうぶつ》より肉食動物《にくしょくどうぶつ》の方《ほう》が圧《あっ》とう的《てき》に強力《きょうりょく》な武器《ぶき》をもっているにもかかわらず、現在《げんざい》の地球上《ちきゅうじょう》では、見《み》た目《め》で戦《たたか》いが強《つよ》そうな肉食動物《にくしょくどうぶつ》や肉食《にくしょく》の鳥類《ちょうるい》（猛禽類《もうきんるい》）は、ほぼ例外《れいがい》なく絶滅《ぜつめつ》にひんした立場《たちば》になっています。

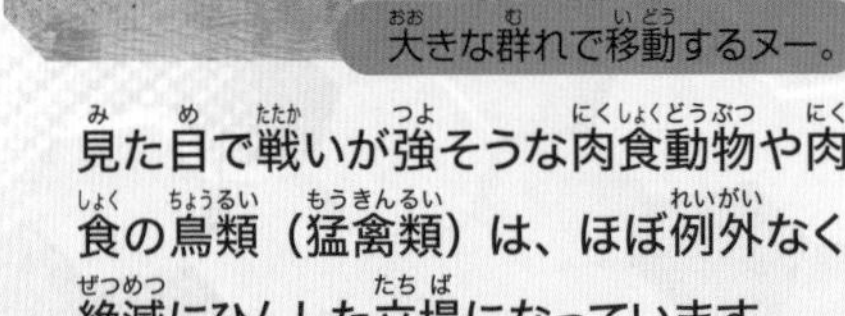

写真：Vince Smith

大《おお》きな群《む》れで移動《いどう》するヌー。

つまり生《い》きものの強《つよ》さとしてみると、ケンカが強《つよ》いものが栄《さか》えるというわけではないのです。むしろ、ケンカが比較的《ひかくてき》弱《よわ》い草食動物《そうしょくどうぶつ》の方《ほう》が、肉食動物《にくしょくどうぶつ》よりも大《だい》はん栄《えい》をとげていると言《い》えるのです。

環境《かんきょう》破壊《はかい》や密猟《みつりょう》で絶滅《ぜつめつ》にひんしているマレートラ。

自然《しぜん》のバランスをくずす存在《そんざい》がヒト

草食動物《そうしょくどうぶつ》の方《ほう》が弱《よわ》そうに思《おも》われがちですが、肉食動物《にくしょくどうぶつ》の武器《ぶき》に対抗《たいこう》できるだけの何《なに》かを持《も》っているからこそ、生態系《せいたいけい》のバランスはとれて、肉食動物《にくしょくどうぶつ》たちに食《く》いつくされずに現在《げんざい》も生《い》き残《のこ》ったわけです。

食《た》べるためとは言《い》え、殺《ころ》しすぎてもダメだし、仲間《なかま》どうしのケンカもいちいち殺《ころ》し合《あ》いをしていれば、結局《けっきょく》は自分《じぶん》がくらしにくくなっていくわけで、生態《せいたい》系《けい》というのはせん細《さい》なバランスでできています。

そんな中《なか》で、動物《どうぶつ》たちが目指《めざ》しているルールと正反対《せいはんたい》のことをしている動物《どうぶつ》がいます。それはヒトです。相手《あいて》をみな殺《ごろ》しにするほどの殺《ころ》し合《あ》いが絶《た》えない動物《どうぶつ》は、ヒトだけ。そんな自然《しぜん》のバランスをくずす、ヒトの最《もっと》もおろかな行動《こうどう》が〝戦争《せんそう》〟です。

Battle《バトル》 39

決勝《けっしょう》

ネコ科《か》最強《さいきょう》ハンター

トラ

最恐《さいきょう》の巨獣《きょじゅう》vs孤高《ここう》のハンター

地球史上最大級《ちきゅうしじょうさいだいきゅう》ほ乳類《にゅうるい》

インドリコテリウム

DATA

分類《ぶんるい》 ほ乳類《にゅうるい》・奇蹄目《きていもく》ヒラコドン科《か》
分布《ぶんぷ》 ユーラシア
年代《ねんだい》 新生代《しんせいだい》・古第三紀《こだいさんき》

DATA

分類《ぶんるい》 ほ乳類《にゅうるい》・食肉目《しょくにくもく》ネコ科《か》
分布《ぶんぷ》 アジア
年代《ねんだい》 現代《げんだい》

恐竜《きょうりゅう》・古生物軍《こせいぶつぐん》

名《な》だたる危険生物《きけんせいぶつ》や恐竜《きょうりゅう》たちを、恐《おそ》るべきパワーでふんさいしてきた。歴代《れきだい》の巨大生物《きょだいせいぶつ》の中《なか》でも攻守《こうしゅ》のバランスが絶《ぜっ》みょうにとれた最強生物《さいきょうせいぶつ》であるといえる。恐竜《きょうりゅう》・古生物軍《こせいぶつぐん》の代表《だいひょう》として、いざ決勝《けっしょう》へ!

戦力分析《せんりょくぶんせき》

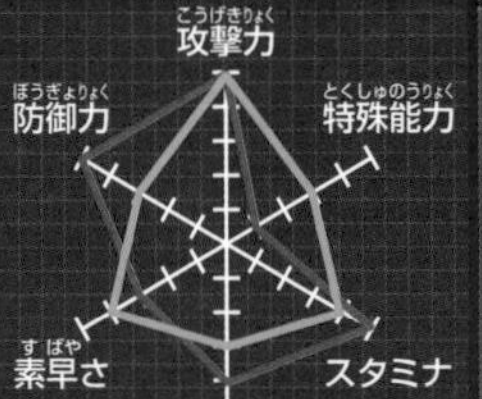

危険生物軍《きけんせいぶつぐん》

1回戦《かいせん》から、さまざまな環境《かんきょう》に適応《てきおう》しながらじゅうなんに戦《たたか》い、順当《じゅんとう》に勝《か》ち進《すす》んできた。戦《せん》術《じゅつ》においても、戦《たたか》いのテクニックにおいても、動物界《どうぶつかい》で第《だい》1級《きゅう》であることが証明《しょうめい》された。肉食獣《にくしょくじゅう》の代《だい》表《ひょう》、そして現生生物《げんせいせいぶつ》代表《だいひょう》として、最後《さいご》の決戦《けっせん》にいどむ。

体長《たいちょう》 8m《メートル》
体重《たいじゅう》 30t《トン》
草食《そうしょく》

体長《たいちょう》 3.7m《メートル》
体重《たいじゅう》 300kg《キログラム》
肉食《にくしょく》

バトルスタート!

トラは、インドリコテリウムの足《あし》元《もと》をすばやくすりぬけて、腹《はら》の下《した》へ入《はい》りこもうとする。

バトルフィールド
草原《そうげん》

シーン1 トラが速攻《そっこう》をしかける

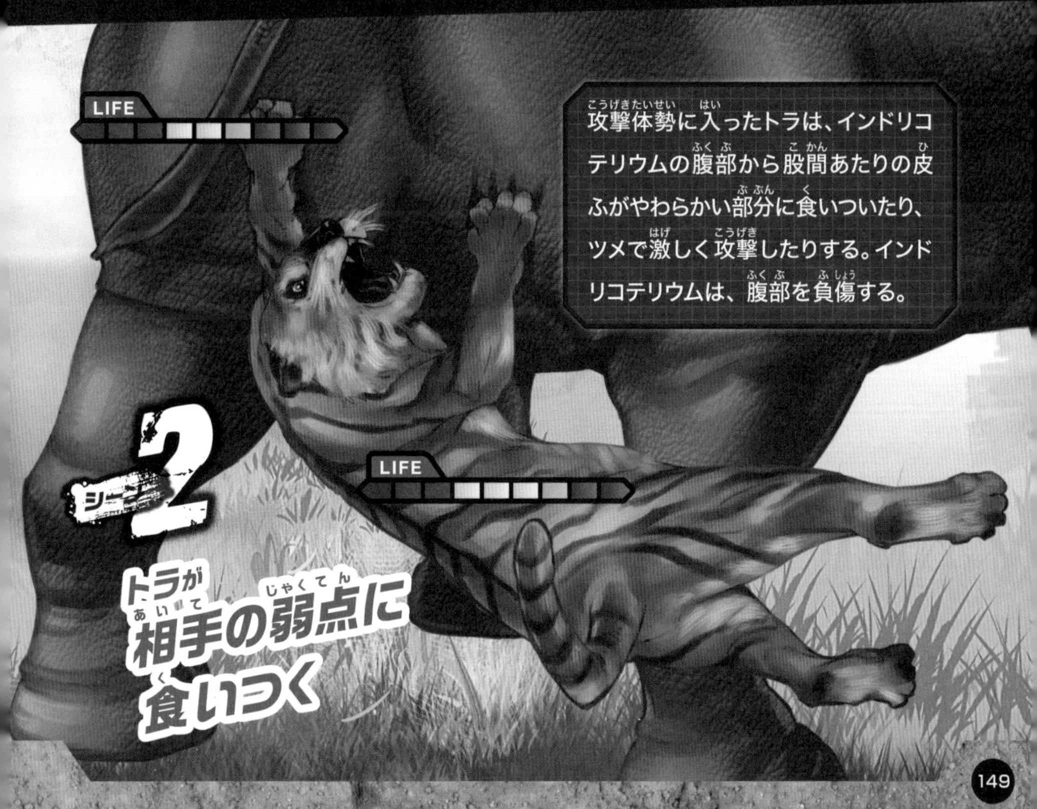

攻撃体勢《こうげきたいせい》に入《はい》ったトラは、インドリコテリウムの腹部《ふくぶ》から股間《こかん》あたりの皮《ひ》ふがやわらかい部分《ぶぶん》に食《く》いついたり、ツメで激《はげ》しく攻撃《こうげき》したりする。インドリコテリウムは、腹部《ふくぶ》を負傷《ふしょう》する。

シーン2 トラが相手《あいて》の弱点《じゃくてん》に食《く》いつく

シー 3 インドリコテリウム ついにキレる!

傷《きず》を負《お》ったインドリコテリウムは、キレる。トラを後《うし》ろ足《あし》で激《はげ》しくけりとばす。さらに、前足《まえあし》でサッカーのドリブルのように、走《はし》りながらトラにつぎつぎとキックをあびせる。強《きょう》れつなキックを連発《れんぱつ》で受《う》けたトラは、息《いき》も絶《た》え絶《だ》えなじょうたいで横《よこ》たわる。

シーン4 インドリコテリウム 最後《さいご》のひとふみ！

けりまわされてダウンしたトラは、それでも何《なん》とか起《お》き上《あ》がろうとする。インドリコテリウムも激《はげ》しく動《うご》きすぎて息《いき》が上《あ》がるが、最後《さいご》の力《ちから》をふりしぼって足《あし》を大《おお》きくふり上《あ》げ、体重《たいじゅう》をのせながらトラをふみつける。トラは30t《トン》のインドリコテリウムの重《おも》さで、圧死《あっし》する。

Winner!

勝《しょう》者《しゃ》 恐竜《きょうりゅう》・古生物軍《こせいぶつぐん》 インドリコテリウム

TIME 20分《ふん》0秒《びょう》

バトル結果《けっか》

トラは、多《おお》くの傷《きず》を負《お》わせたが、それによってインドリコテリウムを完全《かんぜん》に怒《おこ》らせてしまった。一度《いちど》、キレたインドリコテリウムの猛《もう》れつな攻撃《こうげき》は、もはやだれも止《と》められない。恐《おそ》るべきパワーで、今大会《こんたいかい》の優勝《ゆうしょう》を、インドリコテリウムが手《て》にした。

45億年《おくねん》 35億年《おくねん》 5億年《おくねん》 4億年《おくねん》 3億年《おくねん》

先《せん》カンブリア時代《じだい》

古生代《こせいだい》

カンブリア紀《き》 5億《おく》4200万年前《まんねんまえ》

オルドビス紀《き》 4億《おく》8800万年前《まんねんまえ》

シルル紀《き》 4億《おく》4400万年前《まんねんまえ》

デボン紀《き》 4億《おく》1600万年前《まんねんまえ》

石炭《せきたん》紀《き》 3億《おく》5900万年前《まんねんまえ》

ペルム紀《き》 2億《おく》9900万年前《まんねんまえ》

三畳《さんじょう》紀《き》 2億《おく》5100万年前《まんねんまえ》

46億年前《おくねんまえ》 地球誕生《ちきゅうたんじょう》

35億年前《おくねんまえ》 生命誕生《せいめいたんじょう》

メガネウラ

は虫類《ちゅうるい》や、のちにほ乳類《にゅうるい》につながる単弓《たんきゅう》類《るい》が栄《さか》える

ディメロドン

恐竜《きょうりゅう》

恐竜《きょうりゅう》が誕生《たんじょう》
小型《こがた》のものが多《おお》い

一部《いちぶ》の両生類《りょうせいるい》が恐《きょう》竜《りゅう》へと進化《しんか》する

動物《どうぶつ》の進化《しんか》と絶滅《ぜつめつ》

地《ち》球《きゅう》の誕生《たんじょう》は46億年前《おくねんまえ》、生命《せいめい》の誕生《たんじょう》は35億年前《おくねんまえ》といわれる。30億年《おくねん》の時間《じかん》をかけ、生物《せいぶつ》はさまざまな進化《しんか》をとげて古生代《こせいだい》、中生代《ちゅうせいだい》、新《しん》生代《せいだい》の生《い》き物《もの》たちが誕生《たんじょう》した。

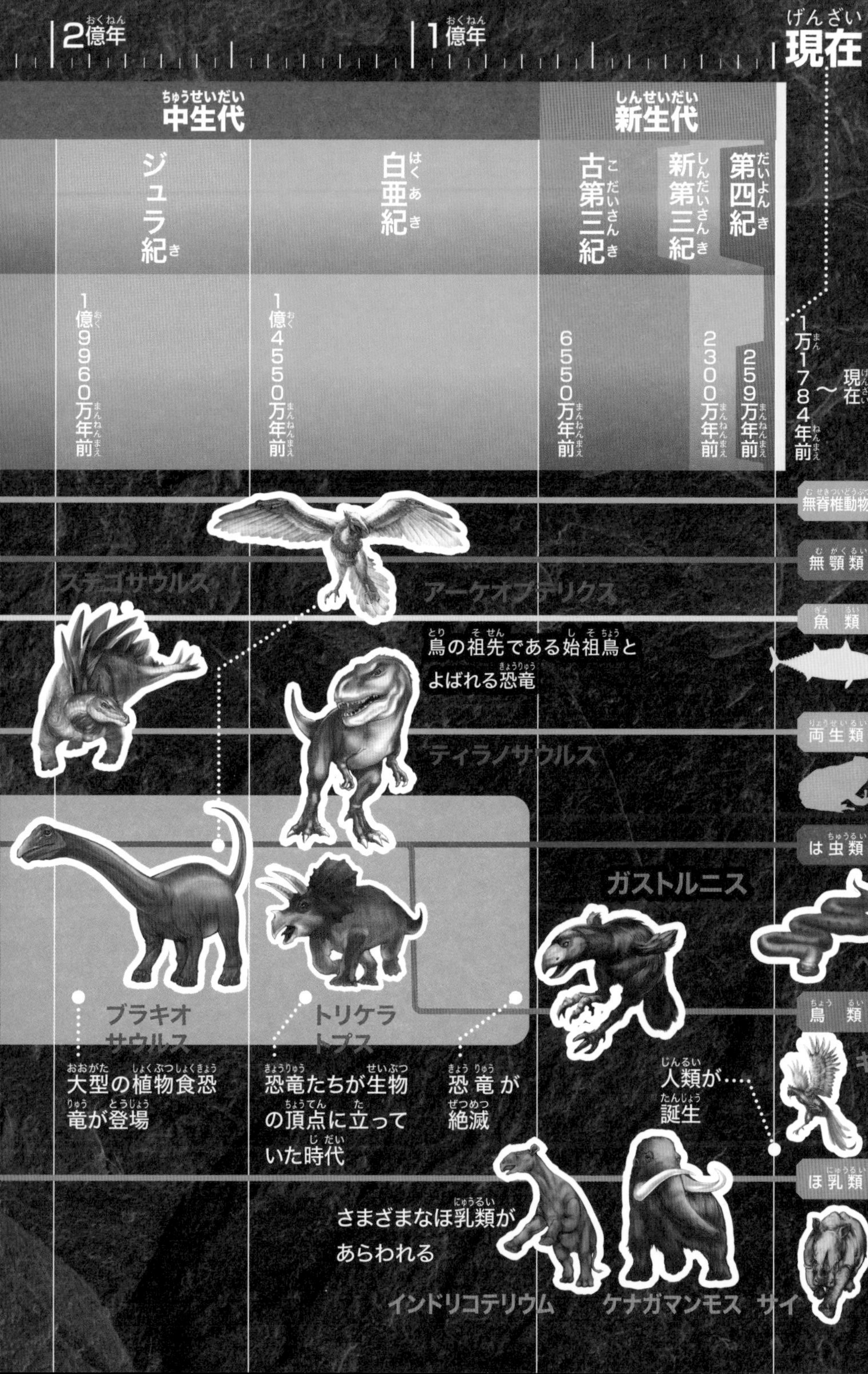

2億年《おくねん》
1億年《おくねん》
現在《げんざい》
中生代《ちゅうせいだい》
新生代《しんせいだい》
ジュラ紀《き》
白《はく》亜《あ》紀《き》
古《こ》第《だい》三《さん》紀《き》
新《しん》第《だい》三《さん》紀《き》
第《だい》四《よん》紀《き》
1億《おく》9960万年前《まんねんまえ》
1億《おく》4550万年前《まんねんまえ》
6550万年前《まんねんまえ》
2300万年前《まんねんまえ》
259万年前《まんねんまえ》
1万《まん》1784年前《ねんまえ》～現在《げんざい》
無脊椎動物《むせきついどうぶつ》
無顎類《むがくるい》
魚類《ぎょるい》
両生類《りょうせいるい》
は虫類《ちゅうるい》
鳥類《ちょうるい》
ほ乳類《にゅうるい》
ステゴサウルス
アーケオプテリクス
鳥《とり》の祖先《そせん》である始祖鳥《しそちょう》とよばれる恐竜《きょうりゅう》
ティラノサウルス
ガストルニス
ヘビ
ブラキオサウルス
トリケラトプス
キジ
大型《おおがた》の植物食恐《しょくぶつしょくきょう》竜《りゅう》が登場《とうじょう》
恐竜《きょうりゅう》たちが生物《せいぶつ》の頂点《ちょうてん》に立《た》っていた時代《じだい》
恐《きょう》竜《りゅう》が絶滅《ぜつめつ》
人類《じんるい》が……誕生《たんじょう》
さまざまなほ乳類《にゅうるい》があらわれる
インドリコテリウム
ケナガマンモス
サイ

最強生物《さいきょうせいぶつ》に会《あ》える

地球生息地《ちきゅうせいそくち》MAP《マップ》

ひとつだった大陸《たいりく》（超大陸《ちょうたいりく》パンゲア）が、地《ち》かく変動《へんどう》で移動《いどう》し、現在《げんざい》の大陸《たいりく》の形《かたち》になりました。それぞれの時代《じだい》に、どんな生物《せいぶつ》が生息《せいそく》していたのか、見《み》ていきましょう。

中生代《ちゅうせいだい》・三畳紀《さんじょうき》

約2億《おく》5100万年前《まんねんまえ》〜

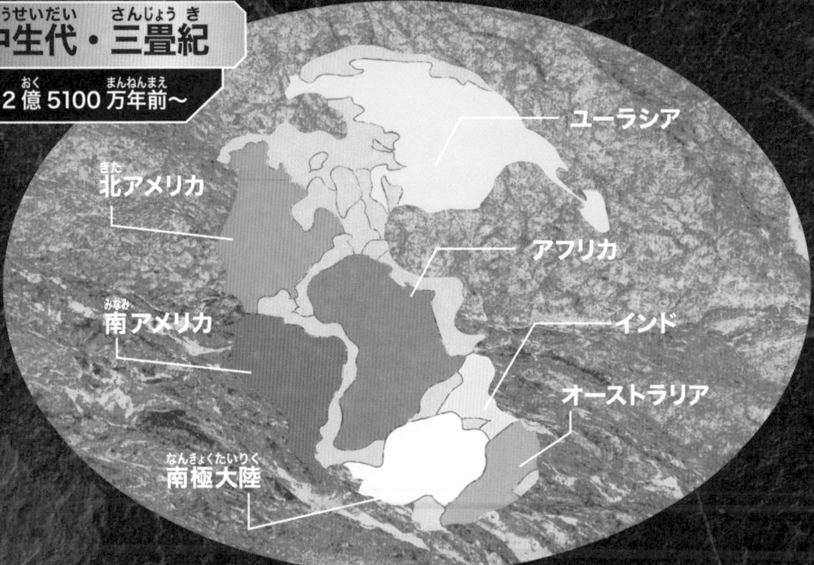

超大陸《ちょうたいりく》パンゲア

古《こ》生代末《せいだいまつ》に、はなれていた大陸《たいりく》がひとつになり、「超大陸《ちょうたいりく》パンゲア」が誕生《たんじょう》しました。大陸《たいりく》がひとつにつながったため、どこでも陸《りく》の上《うえ》を移動《いどう》することができました。

中生代《ちゅうせいだい》・ジュラ紀《き》〜白亜紀《はくあき》

約1億《おく》9960万年前《まんねんまえ》〜6550万年前《まんねんまえ》

新生代《しんせいだい》

6550万年前《まんねんまえ》〜1万《まん》1784年前《ねんまえ》

現代《げんだい》

1万《まん》1784年前《ねんまえ》〜

おわりに

動物《どうぶつ》が最大《さいだい》のパワーを出《だ》すとき

みなさん、動物《どうぶつ》たちのバトル・トーナメントはいかがでしたか？

自分《じぶん》の好《す》きな動物《どうぶつ》は活《かつ》やくしましたか？　新《あたら》しく興味《きょうみ》がもてた動《どう》物《ぶつ》はいましたか？　すべての動物《どうぶつ》は太古《たいこ》の時代《じだい》から現在《げんざい》まで、さまざまな理由《りゆう》で戦《たたか》ってきました。では、動物《どうぶつ》が最大《さいだい》のパワーを発揮《はっき》して戦《たたか》うのは、どんなときでしょう？　お腹《なか》が空《す》いて獲物《えもの》を狩《か》るとき？　いいえ、ちがいます。狩《か》りをする動物《どうぶつ》の多《おお》くは、つかまえられずに無理《むり》だと思《おも》うと、深追《ふかお》いせずに追《お》いかけるのをあきらめてしまいます。

では、天敵《てんてき》におそわれそうになって追《お》いつめられた動物《どうぶつ》？　いいえ、それもちがいます。動物《どうぶつ》は大事《だいじ》な場面《ばめん》ほど、こわくて足《あし》がすくんでしまうなど、本《ほん》来《らい》の実力《じつりょく》を出《だ》せないことがあるのです。

著者

新宅広二（しんたくこうじ）

1968年生まれ。生態科学研究機構理事長。

専門は動物行動学と教育工学で、大学院修了後、上野動物園、多摩動物公園勤務。その後、国内外のフィールドワークを含め400種類以上の野生動物の生態や飼育方法を修得。狩猟免許も持つ。

大学で20年以上教鞭をとる。監修業では国内外のネイチャー・ドキュメンタリー映画や科学番組など400作品以上を手がけるほか、動物園・水族館・博物館のプロデュースも実績がある。最近は、動物関連のドラマ・SF・アニメの監修・脚本まで多岐にわたり対応。国内外のエコ・ツアーの監修なども手がけている。著者に『危険生物最恐図鑑』、『ブキミ生物絶叫図鑑』、『危険生物 最強王バトル！』、『しくじり動物大集合』（永岡書店）、『すごいぜ！動物スポーツ選手権』（辰巳出版）など多数。

STAFF

イラスト　おおぐろてん
健康肉類
生川バブ
斉生脱兎
林タロウ
jitari

作画スタッフ　あんみつ　わぢゃ　380（みゃお）

協力　株式会社ラポール イラストエージェント事業部

装丁・本文デザイン　高垣智彦（かわうそ部長）

編集協力　高橋淳二　野口武（JET）

いちばん強いヤツはだれだ！？
危険生物vs恐竜・古生物　超バトル図鑑

2021年5月10日　第1刷発行
2023年3月10日　第6刷発行

著者　新宅広二
発行者　永岡純一
発行所　株式会社永岡書店
〒176-8518　東京都練馬区豊玉上1-7-14
電話　03-3992-5155（代表）
03-3992-7191（編集）

DTP　編集室クルー
印刷　横山印刷
製本　ヤマナカ製本

ISBN978-4-522-43861-9 C8045

実《じつ》は、動物《どうぶつ》たちが、最大《さいだい》のパワーを発揮《はっき》するのは、どの動物《どうぶつ》も共通《きょうつう》してただひとつです。それは自分《じぶん》の大切《たいせつ》な子《こ》どもがおそわれそうになったときです。これは、どんなに自分《じぶん》より大《おお》きくて強《つよ》い相手《あいて》であっても、親《おや》は迷《まよ》うことなく全力《ぜんりょく》で命《いのち》をかけて助《たす》けに行《い》きます。

つまり、動物《どうぶつ》がパワーを一番《いちばん》引《ひ》き出《だ》せるときとは、自分《じぶん》のためではなく、自分《じぶん》にとって一番大切《いちばんたいせつ》なものを本気《ほんき》で守《まも》ろうと、命《いのち》をかけて本気《ほんき》で戦《たたか》うときです。その瞬間《しゅんかん》に信《しん》じられないような攻撃《こうげき》パワーが爆発《ばくはつ》するのです。このような場面《ばめん》は、人間《にんげん》でも動物《どうぶつ》でもなかなかあるものではありません。だから動物《どうぶつ》の可能性《かのうせい》は未知数《みちすう》なのです。

本書《ほんしょ》で紹介《しょうかい》したのは、動物《どうぶつ》たちの強《つよ》さのほんの一面《いちめん》のみです。みなさんも、見《み》かけの強《つよ》さだけではなく、〝ホンモノの強《つよ》さ〟を、じっくり探《さが》してみてください。

新宅広二《しんたくこうじ》